钢铁科普丛书

魅力钢铁

钢铁的前世今生

武汉钢铁(集团)公司科学技术协会◎编

北 京
冶金工业出版社
2019

图书在版编目（CIP）数据

魅力钢铁：钢铁的前世今生／武汉钢铁（集团）公司科学

技术协会编． — 北京：冶金工业出版社，2014.9（2019.1重印）

（钢铁科普丛书）

ISBN 978-7-5024-6699-2

Ⅰ．①魅… Ⅱ．①武… Ⅲ．①钢铁工业—普及读物

Ⅳ．①TF-49

中国版本图书馆CIP数据核字（2014）第200029号

出 版 人　谭学余
地　　　址　北京市东城区嵩祝院北巷 39 号　邮编 100009　电话　(010)64027926
网　　　址　www.cnmip.com.cn　电子信箱　yjcbs@cnmip.com.cn
责任编辑　曾　媛　美术编辑　杨　帆　版式设计　杨　帆　孙跃红
责任校对　禹　蕊　责任印制　牛晓波
ISBN 978-7-5024-6699-2
冶金工业出版社出版发行；各地新华书店经销；天津泰宇印务有限公司印刷
2014 年 9 月第 1 版，2019 年 1 月第 2 次印刷
169mm×239mm；8.75印张；111千字；128页
39.00 元
冶金工业出版社　投稿电话　(010)64027932　投稿信箱　tougao@cnmip.com.cn冶
金工业出版社营销中心　电话　(010)64044283　传真　(010)64027893
冶金工业出版社天猫旗舰店　yjgycbs.tmall.com
（本书如有印装质量问题，本社营销中心负责退换）

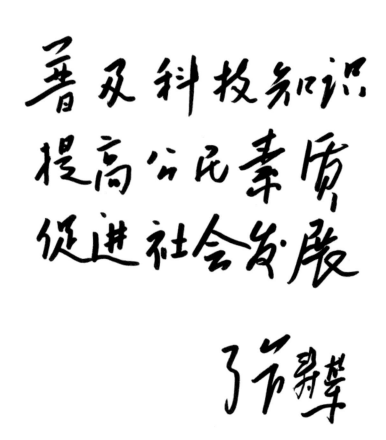

普及科技知识
提高公民素质
促进社会发展

张寿荣

中国工程院院士张寿荣题词

序

　　钢铁工业是国民经济的重要基础产业，是国家经济水平和综合国力的重要标志，钢铁冶炼技术的发展直接影响着与其相关的国防工业及建筑、机械、造船、汽车、家电等行业。

　　经过几代人不懈努力，中国钢铁工业取得了巨大成就。但我们也看到，虽然我国钢铁行业的产量已经连续十年居世界之首，但这绝不表示中国已是钢铁强国。产量的辉煌掩盖不了钢铁行业的内在危机。能耗大、总量严重过剩、产品结构不合理，是其危机的主要表象。钢铁行业的发展已经到了必须依靠科技创新为根本驱动力的新阶段，必须抓住机遇，加强科技创新，让钢铁行业切实转入创新驱动、未来转型升级、全面协调可持续的发展轨道。

　　推动科技进步和创新，不仅需要广大科技人员的努力，而且需要广大职工的参与，促进科研与科普有机结合，加大钢铁前沿技术的传播速度和覆盖广度。为此，在中国科学技术咨询服务中心、中国金属学会等大力支持下，武汉钢铁（集团）公司科学技术协会历时三年编撰了本套《钢铁科普丛书》，以武钢发展历程为基础，进而阐述钢铁行业发展史、普及钢铁行业冶炼技术知识。我们通过科普读物的形式，将钢铁冶金这个庞大的科学技术体系呈现给广大读者。撰写本书的作者都是武钢从事钢铁冶金技术研究的专家和钢铁生产一线的科技工作者，他们热爱企业、基础坚实、学风严谨、勤奋探索、成果斐然。他们毅然承担并严肃认真地撰写《钢铁科普丛书》，在此，我对他们献身钢铁工业和科普事业的精神深为钦佩，并表示由衷的感谢！

《钢铁科普丛书》收录的文章涉及面广，知识性、趣味性和可读性强。相信本丛书对于传播钢铁技术、弘扬钢铁文化、增强企业自主创新能力起到促进作用；希望通过普及钢铁冶金知识，凝聚更多的热爱钢铁冶金事业的工作者，积极投身于技术创新实践中，为我国钢铁事业进步，为全面建成小康社会，实现"中国梦"而努力奋斗。

中国金属学会副理事长、科普委员会主任
武汉钢铁（集团）公司董事长、党委书记、科协主席

前 言

在我国钢铁行业还处在春寒料峭的时期，《钢铁科普丛书》即将在冶金工业出版社付梓。该丛书的出版，犹如春天的使者，给钢铁行业送来了一抹暖融融的春光。

钢铁，文明之基石；钢铁，国家之脊梁。钢铁是工程技术中最重要、用量最大的金属材料。大到航空母舰、铁路桥梁，小至家用电器、锅碗瓢盆，钢铁无所不在，无所不能，无所不有，无所不至。为了弘扬钢铁文化、传播钢铁知识、普及钢铁技术、宣传钢铁产品，武钢科协历时三年，精心编辑了这套《钢铁科普丛书》。全套丛书由《魅力钢铁》、《炫丽钢铁》、《绿色钢铁》3册书组成。其中，《魅力钢铁》，让我们品味钢铁源远流长的历史和博大厚重的文化；《炫丽钢铁》，让我们领略钢铁点石成金的魔力和日新月异的科技；《绿色钢铁》，让我们感受钢铁节能减排的神奇和综合利用的魅力。每一篇文章，深入浅出，娓娓道来，通俗易懂；每一册书，主题鲜明，图文并茂，生动有趣。因此，可以说，这套丛书是一部反映人类文明与钢铁文明共同进步的"史话"，是一部传播钢铁科学技术的"全书"。

丛书共收录83篇科普短文，将钢铁冶金这个庞大的科学体系庖丁解牛般地呈现给广大读者，贴近实际、覆盖面广、可读性强，使钢铁生产火光冲天、热闹非凡的场景得以用全景图的形式铺展开来。参与编写这套丛书的作者，绝大部分人是来自武钢生产一线的科技人员，其中不乏初次撰写科普文章的作者。为了提高作品质量，武钢科协先后举办了科普创作培训班、科普创作笔会，建立网上创作交流平台，邀请科普作家指导、修稿，聘请技术专家审稿、把关。很多文章都是几易其稿，精益求精；每篇文章的标题更是反复推敲，精心制作，有很强的艺术感染力。每一篇文章做到科学性、思想性、趣味性的完美统一，给读者以智慧、美感、愉悦和启迪。因此，也可以说，这套丛书是集体智慧的结晶，是科普佳作和美文的结集。

武钢长期重视企业科普工作，形成了具有武钢特色的"文画声光网"科普工作格局，是蜚声企业界的科普标杆单位。本套丛书的出版，再一次凝聚了武钢各级领导的殷切关怀。武钢副总经理傅连春亲自担任主编；《钢铁研究》主编于仲洁担任技术顾问；武汉钢铁（集团）公司董事长、党委书记邓崎琳百忙之中为本丛书作序；原武钢领导、中国工程院院士张寿荣，已是耄耋之年，不仅为本书题词，还奉献了他的一篇钢铁科普佳作，更使本丛书熠熠生辉。相信读者打开这套丛书，一定会爱不释手，阅必终篇，在获得钢铁科学知识的同时，对被誉为"国之脊梁"的钢铁有更深刻的认识和感受。让我们共同努力，为实现"钢铁梦"、"中国梦"作出新贡献！

编　者

2014 年 9 月

目　录

钢铁的朋友们

科普之旅

——钢铁是这样炼成的

"钢铁"这个词，仔细品味是挺有意思的：人类历史上首先发现了铁，而后发明了钢，从冶炼工序来说，先炼铁，后炼钢，但人们习惯叫"钢铁"，而不是叫"铁钢"；铁是一种化学元素，而钢不是；铁的颜色是黑色的，而钢不一定是，但从古至今，钢铁依然被人们称为"黑色钢铁"。

钢铁（iron and steel）的定义是：铁与碳、硅、锰、磷、硫以及少量的其他元素所组成的合金，其中除铁外，碳的含量对钢铁的力学性能起着决定性的作用，故钢铁还有一个鲜为人知的"学名"叫铁碳合金。钢铁是工程技术中最重要、用量最大的金属材料。大到航空母舰、铁路桥梁，小至家用电器、锅碗瓢盆，可以说，钢铁无所不在，无所不能，无所不有，无所不至。

钢铁，文明之基石；钢铁，国家之脊梁。钢铁经过"千锤百炼"，形成了"铁骨铮铮"和"刚正不阿"的特性，因而成为人类"意志坚强"的象征，于是就有了"钢铁战士"、"钢铁长城"等这样的词

语，黑色钢铁也因此具有了浓厚的人文色彩，步入文学艺术的殿堂。其中最著名的文学作品是前苏联作家尼古拉·奥斯特洛夫斯基创作的一部优秀长篇小说——《钢铁是怎样炼成的》。主人公保尔·柯察金的成长道路，反映了前苏联第一代革命青年不怕困难、艰苦奋斗、勇于前进的大无畏精神。其人物形象穿越时空，跨越国界，产生了世界性的影响，震撼了无数人的灵魂，鼓舞了一代又一代有志青年去追求理想。当一位英国记者问奥斯特洛夫斯基为什么以《钢铁是怎样炼成的》为书名时，他回答说："钢是在烈火与骤冷中铸造而成的。只有这样它才能成为坚硬的，什么都不惧怕，我们这一代人也是在这样的斗争中、在艰苦的考验中锻炼出来的，并且学会了在生活面前不颓废。"作品告诉人们，一个人只有在革命的艰难困苦中战胜敌人也战胜自己，只有把自己的追求和祖国、人民的利益联系在一起的时候，才会创造出奇迹，才会成长为钢铁战士。革命者在斗争中百炼成钢，这是这部作品的一个重要主题。

　　然而，亲爱的朋友，当你陶醉在这些颂扬钢铁的文学作品的时候，你可真正地了解过钢铁吗？当你在感受钢铁促进社会发展、时代进步和享受钢铁为你提供舒适、便捷的生活的时候，你可真正知道钢铁是怎样炼成的吗？为了让公众了解钢铁，让钢铁走近公众，我们特别组织"钢铁是这样炼成的——科普之旅"活动，旨在使公众与钢铁"零距离"接触，让你亲身感受"钢铁是怎样炼成的"全过程。我们为你精心选择了5个有代表性的科普之旅参观点：采矿、烧结、炼铁、炼钢、轧钢。每一站，"钢铁科普大篷车"将做一定时间的停留，让你纵情游览。届时，一幅巨大无比、美轮美奂的"钢铁是这样炼成的"的美丽画卷将完整地展现在你的面前。下面，欢迎你乘坐我们为你准备的"钢铁科普大篷车"，来一次妙趣横生的"钢铁是这样炼成的——科普之旅"吧！

第一站　采矿

常言道：兵马未动，粮草先行。钢铁生产最需要的"粮草"就是铁矿石。因此，"钢铁科普大篷车"首先把我们送到有高炉"粮仓"之称的铁矿山。"钢铁是这样炼成的——科普之旅"活动正式启程！

地球上除了极少数陨铁外，绝大多数铁都是以氧化物的形式存在，人们称之为铁矿石。铁矿石是钢铁工业最重要的原料。古人云：巧妇难为无米之炊。如果没有铁矿石，人类就无法大规模生产钢铁。铁矿石的种类很多，但用于炼铁的只有磁铁矿、赤铁矿和菱铁矿等几种。

铁矿石的品位指的是铁矿石中铁元素的质量分数，通俗来说就是含铁量。比如，铁矿石的品位为65，指的是其中铁元素的质量分数为65%；也就是说，100克铁矿石里含有65克的铁元素。对于铁矿来说，品位高的称为富矿，品位低的称为贫矿。什么品位的矿才算是富矿或贫矿，目前世界各国还没有统一的划分标准。在我国，一般来说，铁矿石品位在50%以上的称为富矿，30%左右的称为贫矿，也称低品位矿。显然，富矿与贫矿相比，在经济技术条件及加工利用上，具有较高的经济利用价值。

千里之行始于足下，百炼成钢始于采矿。采矿是从地壳内和地表开采矿产资源的技术和科学，是钢铁生产的发源地。如果说山海关是"万里长城第一关"，那么，毫无疑问，采矿堪称"钢铁第一关"。

机械挖掘机

推　车　　　　　　　　　　　　　　地下掘进机

　　人类采矿，历史悠久。原始人类采集石料，打磨成生产工具，采集陶土制陶，萌发了采矿的概念。进入铜器时代，随着冶铜业的发展，形成从地下采掘铜、铅、锌矿石的采矿技术。从湖北黄石大冶铜绿山矿冶遗址可知：早在2700多年前，我国已能开掘一定深度的小立井；已能沿矿体开掘平巷；用木支架维护地下巷道；已能利用水排、辘轳和轮车等工具。进入铁器时代，采矿规模和技术进一步发展，但仍用手工采掘。17世纪初，黑火药开始用于采矿，用凿岩爆破落矿代替人工挖掘，是采矿技术发展的一个里程碑。蒸汽机的出现和电的使用，开始了采矿作业机械化和电气化的进程。19世纪末期至20世纪初，相继发明了矿用炸药、雷管、导爆索和凿岩设备，形成了近代爆破技术，使用了电动机械铲、电机车和电力提升、通风、排水设备，形成了近代装运技术。20世纪上半叶开始，采矿技术迅速发展，出现了硝铵炸药；使用了地下深孔爆破技术；各种矿山设备不断完善和大型化；逐步形成了适用于不同矿床条件的机械化采矿工艺。在此基础上，人们对矿床开拓和采矿方法进行了分类的研究；对矿山压力显现进行了实测和理论探讨，对岩石破碎理论和岩石分级进行了研究；完善了矿井通风理论；提出了矿山设计、矿床评价和矿山计划管理的科学方法，使采矿从技艺向工程科学发展。20世纪50年代后，使用了潜孔钻机、牙轮钻机、自行凿岩台车等新凿岩设备，以及铵油、浆状和乳化油等廉价安全炸药；采掘设备实现大型化、自动化；运输、提升设备自动化，出现了无人驾驶机车；矿山环境工程得到重视；电子计算机用于矿山生产管理、规划设计和科学计算，开始用系统科学研究采矿问题，诞生了矿业系统工程学；矿山生产开始建立自动控制系统，岩石力学和岩石破碎学进一步发展，利用现代试验设备、测试技术和电子计算机，已能预测和解算某些实际问题。因此采矿工程科学被正式提出并得到公认。

采矿分为露天开采和地下开采两大类。露天开采将矿体上覆的岩层剥离，然后自上而下顺次开采矿体。露天矿敞露地表，可以使用大型采矿机械，作业较安全，矿石损失少。当矿体赋存深度大，矿体厚度小，剥离工作量很大，或需要保护地表和景观时，则采用地下开采。在一些国家，随着开采深度的增大和环境保护要求的提高，地下开采有增加的趋势。地下开采多使用无底柱分段崩落法，矿石用电动铲运车运输，经过粗碎后，采用竖井提升至地面。

天 坑

铁矿石采掘出来后，除了极少数富矿可以直接作为炼铁原料外，绝大多数贫矿需要经过选矿。选矿后的产品，有用成分富集的称铁精矿，作为炼铁原料；无用成分富集的称尾矿，淘汰不用。早期，人们用手工拣选；后来，用简单的淘洗工具分选；欧美于1848年出现了机械重选设备——活塞跳汰机，1880年发明静电分选机，1890年发明磁选机，1906年泡沫浮选法取得专利，它们促进了选矿技术的发展。20世纪60年代

以来，细粒重选、微细粒浮选、湿式强磁选都得到了很大发展。现代选矿采用浮选、磁选联合工艺。矿石经过破碎，浮选脱硫，同时回收伴生的铜、钴、金等金属，再通过磁选机生产出铁精矿。中国铁矿资源有两个特点：一是贫矿多，占总储量的80%；二是多元素共生的复合矿石较多；此外矿体复杂，有些贫铁矿床上部为赤铁矿，下部为磁铁矿，在选铁过程中比较麻烦。面对我国铁矿石现状以及高炉对铁精矿提出越来越高的要求，前所未有的挑战和机遇，必将促进选矿技术的进一步提高和选矿设备的进一步现代化。

被称为"全球吸铁石"的中国，是目前世界铁矿石市场的最大买主，其中80%来自澳大利亚、印度和巴西。2012年，铁矿石总进口量达到7.436亿吨，创出历史新纪录。由于中国铁矿石对外依存度非常高，导致国外铁矿石巨头利用垄断资源控制价格话语权，使得进口铁矿石价格逐年大幅上扬。近几年来，整个中国钢铁行业一直处在"寒冷"气候之中，究其根源，一个是国内落后产能严重过剩，另一个就是进口铁矿石价格的飙升。

一代伟人毛泽东早就说过：手中有粮，心中不慌。这句话对今天的中国钢铁企业依然有着重大的思维启迪和警示作用。但愿"疯狂的石头"是在表演"最后的疯狂"！

第二站 烧结

烧结是现代钢铁生产线上一个不可或缺的重要工序，是高炉炼铁的前工序。烧结矿的质量在很大程度上决定高炉生产的各项技术经济指标和生铁质量。因此，"钢铁科普大篷车"不辞辛苦，把我们从遥远的矿山直接送到"钢铁是这样炼成的——科普之旅"活动第二站：烧结。

人们把炼铁高炉比作"巨人"，它们像《水浒传》中的"梁山好汉"，喜欢"大块吃肉"。因此，从矿山运来的铁矿石，只有大块的才可以作为原料直接投入"高炉巨人"口中，而绝大部分细小的碎料和粉矿则需要送到烧结厂去烧制成"块"，以满足"高炉巨人"大快朵颐的爱好。烧结就是将铁矿石等含铁粉状原料，配入适量的燃料和助熔剂，加入适量的水，经混合和造球后在烧结设备上使物料发生一系列物理化学变化，在不完全熔化的条件下将矿粉颗粒黏结成块的过程，所得产品称作烧结矿。烧结矿再通过皮带输送到炼铁厂，作为高炉炼铁的原料。现代高炉的烧结矿使用率已达80%以上。

含铁粉状原料中除了高炉"主粮"——铁精矿粉外，还可以掺入一定比例的经过选矿后的贫矿铁粉，以及钢铁生产过程的废弃物，比如：高炉炉尘、轧钢皮、转炉钢渣等。这样一来，"主粮"变"五谷杂

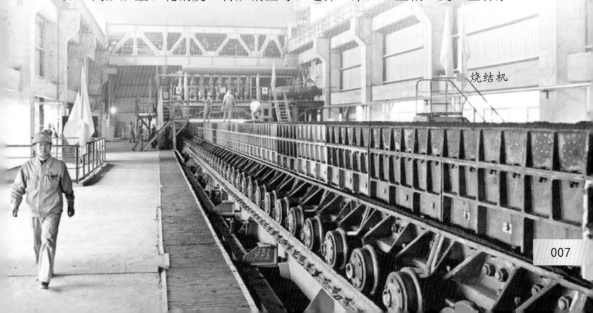

烧结机

粮"，一方面扩大了铁矿石可利用资源，另一方面也使大量的钢铁生产废弃物变废为宝，化害为利。烧结加工不仅使烧结矿的粒度变大，以满足"高炉巨人"的"胃口"需要，而且还可以部分除掉"潜伏"在铁矿石中的有害元素磷、硫等，有利于稳定铁水成分，提高铁水质量。

烧结有"钢铁第一烧"的美誉。烧结前原料应当精心处理。铁精矿粉和贫铁矿粉在原料场通过取料设备进行混匀处理，以保证烧结原料的化学成分稳定。石灰石在烧结中发挥"助熔剂"的作用，应破碎到粒度2～3毫米，以保证烧结矿的强度。用生石灰代替部分石灰石，不仅可以降低生产成本，而且可以强化烧结过程。烧结用的燃料（焦粉或无烟煤），破碎到粒度3毫米以下，但粒度在0.5毫米以下的细粉不能太多。精确配料是保证烧结矿质量的重要环节。自动配料设备由圆盘（或皮带）给料机和称量装置组成。配好的烧结料通常在圆筒混合机内混合、加水润湿并形成颗粒，成为成分均匀和透气性良好的烧结混合料。一般分两次混合：第一次是混合料加水润湿；第二次是造球和补充加水。烧结机加料前要先铺底，底料一般为粒度8～25毫米的烧结矿，厚度在30毫米左右。这样可保证烧透，防止烧坏炉箅。混合料一般用梭式布料器加到烧结机上的矿槽中，然后用圆筒布料器和辊式布料器把烧结料均匀地布在烧结台车上。

担任"钢铁第一烧"重任的是烧结机，它是由铺设在钢结构上的封闭轨道和在轨道上连续运动的一系列烧结台车组成。1911年，世界上第一台烧结机问世，面积为8.3平方米，标志着烧结技术从此"闪亮登场"，走上钢铁生产的"大舞台"。烧结机面积越大，产量就越高。20世纪70年代的烧结机面积已达600平方米（宽5米、长120米）。近年来，烧结机正在朝着大型化方向发展。

值得一提的是，与传统烧结技术媲美的是现代兴起的球团技术，主要是将选矿后的铁精矿粉、添加剂，按一定比例配料、混匀，在造球机上滚动成一定尺寸的生球，然后采用干燥、焙烧等方法使其发生一系列的物理化学变化而硬化团结，从而生成球团矿，作为高炉的"主粮"。为了降低运输成本，球团矿生产线一般建在铁矿石生产地附近，成为矿山采矿、选矿的后工序，炼铁的前工序。球团矿与烧结矿质量相比，不分伯仲，二者都是炼铁高炉的主要"食粮"。

第三站　炼铁

　　听说下一站是炼铁厂，大家眼前立刻浮现出"高炉矗立"、"铁水奔流"的壮丽画面。当"钢铁科普大篷车"稳稳当当停在炼铁厂的时候，"钢铁是这样炼成的——科普之旅"活动已经进入第三站：炼铁。一下车，大家蓦然抬头，看见"高大魁梧"的"高炉巨人"已经伫立在那里，恭候客人的到来。

　　高炉炼铁是当之无愧的"钢铁第一炼"。炼铁就是将铁元素从铁的氧化物中提炼出来的工艺过程。在化学中氧化物的失氧反应叫还原反

武钢高炉群夜景

应，炼铁的过程就是铁的还原过程。现代钢铁工业主要采用高炉炼铁。

炼铁，在我国有着悠久的历史，可以追溯到春秋时代。那个时候的炼铁方法是"块炼铁"，即在较低的冶炼温度下，将铁矿石固态还原获得海绵铁，再经锻打成铁块。冶炼块炼铁，一般采用地炉、平地筑炉和竖炉3种。我国在掌握块炼铁技术不久，就炼出了含碳2%以上的液态生铁，并用以铸成工具。战国初期，我国掌握了脱碳、热处理技术方法，发明了韧性铸铁。战国后期，又发明了可重复使用的"铁范"（用铁制成的铸造金属器物的空腹器）。西汉时期，出现坩埚炼铁法，同时，炼铁竖炉规模进一步扩大。1975年，在郑州附近古荥镇发现和发掘出汉代冶铁遗址，场址面积达12万平方米，发掘出两座并列的高炉炉基，高炉容积约50立方米。东汉光武帝时，发明了水力鼓风炉，即"水排"。我国古代水排的发明，大约比欧洲早1100多年。据《中华百科要览》记载，中国是最早用煤炼铁的国家，汉代时已经试用，宋、元时期已普及，到明代已能用焦炭冶炼生铁。19世纪下半叶，清政府发展近代军事工业，制造枪炮、战舰，大量输入西方国家生产的钢铁。进口钢逐渐占领了中国的市场，使传统的冶铁业难以维持生产。由于钢铁消费量的增加，近代钢铁工业的兴起就成为时代的需要。1871年，直隶总督李鸿章、船政大臣沈葆桢请开煤铁，以济军需，上允其请，命于直隶磁州、福建、台湾试办。1875年，直隶磁州煤铁矿向英国订购熔铁机器，因运道艰远未能成交。此事表明，当时已开始注重举办新式钢铁事业。1886年，贵州巡抚潘霨创办青溪铁厂，先用土炉，后从英国订购炼铁、炼钢设备，1888年安装完毕。终因清廷腐败，缺乏资金、煤和铁矿石，加上不善管理，无人精通技术，而于1893年停办。这是兴办近代钢铁厂的一次尝试。武汉是中国近代钢铁工业的发祥地。1890年，时任两广总督张之洞在武昌设立"湖北铁政局"，在汉阳龟山下开工兴建汉阳铁厂。1893年，号称"东亚第一雄厂"的汉阳铁厂在武汉诞生。1908年，合汉阳铁厂、大冶铁矿、萍乡煤矿，成立"汉冶萍煤铁厂矿有限公司"（简称汉冶萍公司），成为中国第一家钢铁联合企业。

高炉炼铁是由古代竖炉炼铁发展、改进而成的。尽管世界各国研究发展了很多新的炼铁法，但由于高炉炼铁技术经济指标良好，工艺简单，生产量大，劳动生产率高，能耗低，这种方法生产的铁仍占世界铁总产量的95%以上。高炉的横断面为圆形的炼铁竖炉，用钢板作炉壳，壳内砌耐火砖内衬。高炉本体自上而下分为炉喉、炉身、炉腰、炉腹、炉缸5部分。高炉生产时从炉顶装入天然富矿石、烧结矿、球团矿、焦炭、造渣用熔剂（石灰石），从位于炉子下部沿炉周的风口吹入经预热的空气。在高温下，焦炭中的碳同鼓入空气中的氧燃烧生成的一氧化碳，在炉内上升过程中除去铁矿石中的氧、硫、磷，还原得到铁。炼出的铁水从铁口放出；未还原的杂质和石灰石等熔剂结合生成炉渣，从渣口排出；产生的煤气从炉顶排出。高炉冶炼的主要产品是生铁，还有副产品高炉渣和高炉煤气。生铁是下一个工序炼钢的原料；经处理后的高炉渣是生产水泥的优质原料；高炉煤气经除尘后，作为热风炉、加热炉、焦炉、锅炉等的燃料。

高炉的大小是用容积作标准的。从炉缸到炉喉的容积总和叫做高炉有效容积。高炉的每一立方米的有效容积在一天内生产的铁量叫高炉利用系数，利用系数越大，说明炉子的生产效率越高。现代高炉的一个重要特点是长期连续生产。开炉后就得昼夜不停，从开炉到停炉大修称"一代寿命"，只要操作精心、护理得当，炉子"一代寿命"就能大大延长。高炉大修一次，除了花费钱财，还需要停产好几个月的时间。一座4000立方米的高炉，能日产生铁1万吨。显然，炉龄越长，产量越多，经济效益也越好。因此，专门研究提高高炉长寿的技术应运而生。现代高炉和现代人一样，平均寿命比以前大大地延长了。

常言道：一个篱笆三个桩，一个好汉三个帮。现代高炉，如果没有

完备的附属设备当"帮手",是不可能炼出铁来的。其中,立下汗马功劳的是为高炉"煽风点火"的热风炉。理论研究和生产实践表明,采用优化的热风炉结构、提高热风炉热效率、延长热风炉寿命是提高风温的有效途径。高炉的装料设备还有料车或皮带,现已全用计算机自动控制。

这里,特别需要说明的是,国外钢铁生产企业用于高炉炼铁的"主粮"都是铁精矿,而我国富矿资源有限,这一"国情"决定了我国高炉炼铁除了使用铁精矿外,还必须综合利用贫铁矿以及钢铁生产废弃物,称之为"五谷杂粮"。虽然中国炼铁高炉"吞进去"的是"五谷杂粮",但"吐出来"的确是"琼浆玉液"——优质铁水。这既是中国高炉炼铁技术的重大突破,也是中国钢铁企业生产的一大特色。

第四站　炼钢

离开炼铁厂,"钢铁科普大篷车"径直开到邻近的炼钢厂。这里是"钢铁是这样炼成的——科普之旅"活动第四站:炼钢。此时此刻,大家的心情非常期待,也非常激动,因为每个人不仅要亲眼目睹梦寐以求的"炉火熊熊"、"钢花四溅"的绚丽景象,而且还要亲身经历"见证奇迹产生的时刻"——钢铁是这样炼成的。

提起炼钢,人们立刻会想起"百炼成钢"这个成语,其释义是:铁经过反复冶炼才能成为钢。比喻经过长期艰苦的锻炼,变得非常坚强,指人只要有坚持不懈、持之以恒的精神,就能成为真正的"钢铁英雄"。通过高炉炼铁得到的生铁,含有3.5%以上的碳元素,同时含有相当多的硅、锰、磷、硫等元素,因此表现得硬而脆,无法轧制或锻造。此时,人们只能"恨铁不成钢"。要使生铁"凤凰涅槃"变成钢,还需要把生铁投入新的熔炉中,再进行冶炼,经过高温煅烧并吹入氧气,使生铁中的碳、硅、锰等元素和氧气发生化学反应，一方面，碳与氧反应生成二氧化碳，降低碳含量（0.03%～1%），同时碳与硅、锰反应生成氧化物，降低硅、锰含量；另一方面，通过形成的泡沫性熔渣去除磷、硫等有害元素。于是奇迹出现了，生铁"浴火重生"，变成了"坚韧不拔"的钢。如果对钢液进行多次冶炼，或添加合金元素，那么钢的精度会更高，钢的质量会更好，钢的品种会更多。由此可见，古人所说的"百炼成钢"是符合现代钢铁科学技术的。钢依其碳含量的高低分别称为高碳钢、中碳钢、低碳钢、超低碳钢。另外，为某种目的而添加特殊元素所制成的钢称为合金钢。

中国是世界上最早生产钢的国家之一。考古工作者曾经在湖南长沙杨家山春秋晚期的墓葬中发掘出一把铜格"铁剑"，通过金相检验，结果证明是钢制的。这是迄今为止我们见到的中国最早的钢制实物。西汉时期还发明了炒钢法，即利用生铁"炒"成熟铁或钢的新工艺，产品称为炒钢。同时，还兴起"百炼钢"技术，人们以炒钢产品作为原料，反复加热折叠锻打，使产品中的碳和夹杂物减少，使钢细化和均匀化，大大提高了钢的质量，常用来制造名刀宝剑。于是，"千锤百炼"、"百炼成钢"等成语流传至今。汉代以后，发明了灌钢方法。《北齐书·綦母怀文传》称为"宿钢"，后世称为灌钢，又称为团钢。这是中国古代炼钢技术的又一重大成就。现代炼钢技术，是从1740年英国的韩特斯曼发明坩埚炼钢法开始的。1850年至1880年，炒钢法在德国和英国取得成功。由于铸铁和生铁炼钢的发明与发展，中国的钢铁技术在明代中叶以前一直居世界先进水平。

在炼钢近代史上，曾经真实地上演过一次"钢铁王国"的"三国演义"——平炉炼钢、电炉炼钢和转炉炼钢"三分天下"、"鼎足而立"。法国人马丁利用蓄热原理，在1864年创立了平炉炼钢法。1888年出现了碱性平炉。平炉炼钢法对原料的要求不那么严格，容量大，生产

的品种多，历经100多年辉煌。1890年，"江南机器制造总局"（位于上海）建立3吨和15吨酸性平炉各一座，是中国最早的炼钢平炉。新中国成立后，修复、改造了一批原有的平炉，同时又建设了一批新的大中型平炉。进入20世纪80年代后期，伴随着钢铁连铸技术的发展，曾经"功勋卓著"的炼钢平炉被无情淘汰，平炉炼钢"寿终正寝"，最终退出了钢铁生产的历史舞台。

20世纪初，电炉炼钢出现，为今天的钢铁工业奠定了基础。电炉炼钢法主要利用电弧热，在电弧作用区，温度高达4000℃。冶炼过程一般分为熔化期、氧化期和还原期，在炉内不仅能造成氧化气氛，还能造成还原气氛，因此脱磷、脱硫的效率很高。以废钢为原料的电炉炼钢，比之转炉炼钢法基建投资少，同时由于直接还原的发展，为电炉提供金属化球团代替大部分废钢，因此就大大地推动了电炉炼钢的发展。世界上现有较大型的电炉约1400座，最大电炉容量为400吨。我国由于电力和废钢不足，大大制约了电炉炼钢法的推广应用和发展，目前主要用于冶炼优质钢和合金钢。

早在1856年，英国人贝斯麦就发明了底吹酸性转炉炼钢法，这种方法是近代炼钢法的开端，它为人类生产了大量廉价钢，促进了欧洲的工业革命。1879年出现了托马斯底吹碱性转炉炼钢法。1952年在奥地利诞生了氧气顶吹转炉，亦称LD转炉。顶吹转炉问世后，其发展速度非常快。1970年后，由于发明了用碳氢化合物保护的双层套管式底吹氧枪而出现了底吹法，各种类型的底吹法转炉"脱颖而出"。自1973年开始，世界各国普遍开展了顶底转炉复吹的研究工作，出现了各种类型的复吹转炉，到20世纪80年代初开始正式用于生产。由于顶底复吹比顶吹和底吹法都更优越，加上转炉复吹现场改造比较容易，使之很快就在全世界范围得到普遍应用，有的国家已基本上淘汰了单纯的顶吹转炉。由于转炉炼钢速度快，负能炼钢，节约能源，故转炉炼钢经过"群雄逐鹿"而

转炉炼钢

"独步天下"，成为当代"钢铁王国"的"炼钢王"。

无论是平炉还是转炉炼钢，都可以归纳成8个字："四脱二去，调温调质"。"四脱"，就是脱碳、脱磷、脱硫和脱氧；"二去"，就是去除钢中气体，去除钢中杂质；"调温"，就是调整温度，为浇成合格的钢坯创造条件；"调质"，就是合金化，以冶炼出符合要求的钢种。

转炉炼钢其实是"趁热打铁"的最好诠释：以铁水、废钢、铁合金为主要原料，不需要借助外加能源，靠铁液本身的物理热和铁液组分间化学反应产生的热量而在转炉中完成炼钢过程。这个过程也称作"负能炼钢"。负能炼钢是炼钢节能的主要技术，其含义是指炼钢过程中回收的煤气和蒸汽能量大于实际炼钢过程中消耗的水、电、风、气等能量总和。目前，我国大、中型转炉已经基本实现了负能炼钢。

随着钢铁企业对提高产量质量、扩大品种、节能减排和降低成本的重视，以及铁水预处理、复吹转炉、炉外精炼、连铸技术的发展，现代炼钢生产工艺发生了很大变化，已由单纯用转炉炼钢发展为铁水预处理—复吹转炉吹炼—炉外精炼—连铸这一新的工艺流程，完全打破了传统的转炉炼钢模式。由此可见，转炉"炼钢王"的地位已是"岌岌可

危"。不远的将来，转炉炼钢也可能像黑白电视机被彩色数字电视机取代那样，逐渐被人们遗忘，成为人类炼钢历史上一段古老的传说。

炉外精炼

小方坯连铸

第五站　轧钢

　　通过前面的参观，大家终于寻找到了"钢铁是这样炼成的"的答案。欣喜之余，却对炼钢产品大惑不解。因为"貌不惊人"的钢坯与他们平时见到的钢铁产品相差甚远。于是，"钢铁科普大篷车"把大家带到轧钢厂，进入"钢铁是这样炼成的——科普之旅"活动第五站：轧钢。通过这一站的参观，将彻底揭开他们心中的谜团。

　　炼铁和炼钢，实现了钢铁生产的"两次飞跃"：炼铁，使铁矿石"乌鸦变凤凰"成为铁，是为第一次飞跃；炼钢，使铁"凤凰涅槃"变成钢，是为第二次飞跃。然而，通过炼钢得到的产品是钢坯，不仅"傻大憨粗"，而且"其貌不扬"。原来，钢坯还不是钢铁成品，只能算半成品。钢坯是"待字闺中"的"丑媳妇"，要想见"公婆"，还必须通过轧钢——进行"减肥、瘦身、塑体、美容"等一系列的"精心装扮"，才能实现"华丽转身"，变成"身材苗条，模样俊俏"的钢铁产品。因此，把轧钢比作钢铁的"美容师"是非常确切的。

轧钢，就是在旋转的轧辊间改变钢坯形状的压力加工过程。轧钢属于金属压力加工，说形象点，轧钢板就像传统手工制作面条，面团经过擀面杖的多次挤压与推进，面饼就越擀越薄。轧钢的目的与其他压力加工一样，一方面是为了得到需要的形状和尺寸；另一方面是为了改善钢的内部质量。从炼钢厂出来的钢坯仅仅是半成品，必须到轧钢厂进行轧制以后，才能成为合格的钢铁产品。轧钢方法按轧制温度不同可分为热轧与冷轧。

热 轧

现代钢铁企业真正意义上的轧钢是从热轧开始的，因此，热轧是当仁不让的"钢铁第一轧"。热轧，顾名思义，是在钢坯加热的情形下进行的轧制。在热轧生产线上，炼钢厂送来的钢坯在加热炉中加热后，被

辊道送入轧机,最后轧成用户要求的尺寸。经过热轧后的钢板厚度一般在几个毫米。热轧产品是热轧板、卷,其中一部分缴入成品库,对外销售;另一部分向冷轧工序、硅钢工序供应原料卷。热轧产品被广泛应用于管线、集装箱、桥梁、铁路车辆、汽车、机械等制造行业。

热轧生产线是一道靓丽的"风景线":彤红彤红的钢坯,每经过一次轧制,原来厚厚的钢坯,瞬间变得越来越薄,最后竟然像一片长长的、飘逸的红色锦缎。此情此景,不就是古人感叹的"何意百炼钢,化为绕指柔"吗?参观至此,大家惊叹不已。

冷轧产品

冷轧,相对热轧而言,是在常温状态下进行的轧制,虽然在加工过程中因为轧制也会使钢板升温,尽管如此还是叫冷轧。冷轧是将热轧带钢经过酸轧联合机组冷轧后再结晶退火、平整、精整或经涂镀处理的生产过程。冷轧钢板的表面质量、外观、尺寸精度均优于热轧板,冷轧产品比热轧产品更薄,最薄的可以用"薄如蝉翼"来形容。冷轧产品主要包括普冷板、镀锌板、镀锡板、彩涂板和电工钢板等五大类别,广泛应用于汽车制造、轻工、化工、食品、建筑、家用电器、国防及农业等各行各业。同时，冷轧还承担了向硅钢厂供应原料的任务。与热轧相比，冷轧生产线是另一幅冷艳美俏的景象：那飞流直下，似银河落九天的是镀锡板；那银光闪闪、光鉴照人的是镀锌板；那红、黄、蓝五颜六色的是彩色涂层钢板。这真是"冷轧更比热轧美，风景这边独好"。

硅 钢　　　　　　　　　　　　　　　　　取向硅钢

　　硅钢，是轧钢工序的"压轴戏"。硅钢又称矽钢片，因在铁中加硅而得名，被誉为"钢铁皇冠上璀璨的明珠"。硅钢工艺是将热轧带钢经过冷轧及再结晶退火处理生产的全过程。冷轧硅钢片是制造特大型及各类节能型变压器、电机及尖端电讯仪器产品的优质铁芯材料，素有钢铁"工艺品"之称，代表着当今钢铁工业生产技术的最高水平。目前，硅钢产品几乎覆盖机电、家电、航空航天等所有电工钢应用领域，为祖国的现代化建设做出了重要贡献。

　　除了板材以外，轧钢厂也生产长材，如型钢、钢轨、棒材、圆钢和线材等，它们的生产过程和轧钢原理与板材类似，只是使用的轧辊辊型不同。

　　《西游记》是中国古典四大名著之一。此书描写的是孙悟空、猪八戒、沙和尚保护唐僧西天取经、历经"九九八十一"难的传奇历险故事。其实，如果把"经书"比作"钢铁产品"，把"九九八十一难"比

作钢铁生产从铁矿石开采—烧结—炼铁—炼钢—轧钢,这样一个"开山辟路"、"斩妖斗魔"、"千锤百炼"和"勇往直前"的过程,把"唐僧师徒四人"比作那些战天斗地、攻难克艰、兢兢业业、勤勤恳恳的钢铁人,那么,"钢铁是这样炼成的"不就是一部真实版的《钢铁西游记》吗?

第一卷热轧板　　　　第一卷冷轧板　　　　第一卷硅钢板

终点站　钢铁大观园

　　人们经常用"刘姥姥进大观园"比喻没有见过世面的人来到陌生新奇的花花世界。其实,这句话既可用来揶揄那些见识短浅、孤陋寡闻的人,也可用作自谦或者自嘲。比如:参加这次"钢铁是这样炼成的——科普之旅"活动,大家都笑说自己就像"刘姥姥进大观园",的确大开眼界,大长见识。

　　古有大观园,今有博物馆。为了传承钢铁文化,传播钢铁知识,展示中国钢铁工业前赴后继的风火历程,作为"共和国钢铁长子"的武钢,兴建了中国第一家钢铁博物馆。武钢是新中国成立后建设的"第一钢都",其钢铁报国情怀与生俱来。历经三次创业的武钢自觉承担把中国建成世界钢铁强国,全力推进民族工业发展的历史重任,立志于做新型工业先锋,铸钢铁强国脊梁。正是这样一种高贵的责任意识和神圣的民族情结,武钢于2008年建成了举世闻名的钢铁博物馆,并在武钢投产50周年之际隆重开馆。博物馆以其雄伟的造型、恢宏的气势、鲜明的特色、丰富的藏品和现代化的展示方式，吸引了成千上万的中外观众。为了满足大家的夙愿，"钢铁科普大篷车"开到了武钢博物馆，这里成为"钢铁是这样炼成的——科普之旅"活动的终点站。

进入武钢博物馆，首先映入眼帘的是毛泽东、邓小平、江泽民、胡锦涛等党和国家领导人视察武钢的巨幅彩色照片。

博物馆解说员甜美的声音告诉大家：1958年9月13日，毛泽东主席来到武钢视察，武钢第一炉铁水喷涌而出，标志着武钢正式投产。20世纪70年代，国家决定打开封闭已久的国门，引进国外先进生产技术和设备，"一米七轧机工程"项目最终落户武钢。因为轧辊宽度为1.7米，所以该工程被称为"一米七工程"，又称"零七工程"，总投资达40亿元。武钢"一米七工程"的建成投产，不仅结束了中国薄板

毛主席在高炉炉台

1958年9月13日毛泽东主席视察武钢

"一个粮食，一个钢铁，有了这两个东西就什么都好办了。"

——毛泽东

1980年7月16日邓小平同志视察武钢

"我们要学习国际上的先进技术和先进经验，但光跟在别人后边不行，要有赶超世界先进水平的志气。"

——邓小平

1999 年 5 月 28 日江泽民总书记视察武钢

"国家建设社会主义，要很好地发挥工人阶级的主力军作用。工人阶级最有组织性、纪律性，要全心全意依靠工人阶级。"

——江泽民

2005 年 8 月 22 日胡锦涛总书记视察武钢

"武钢是新中国成立后国家投资兴建的第一个特大型钢铁联合企业，你们就是应该加强产品结构调整，优化工艺，努力提高自主创新能力，多生产具有竞争力的产品！"

——胡锦涛

钢材依赖进口的局面，而且拉开了中国钢铁工业现代化的序幕。2005年以来，武钢积极培育企业核心优势，市场竞争力不断提升，大力兴建钢铁精品基地。7号高炉、8号高炉、三冷轧、三硅钢等重点工程的顺利投产，使武钢的主体装备达到国际一流水平。近年来，武钢实施"走出去"战略，频频出手，在南北美洲、澳洲等地找矿，意在冲破困局，为中国企业赢得铁矿石谈判话语权，摆脱铁矿石受制于人的局面。与此同时，武钢中西南战略扎实推进，防城港钢铁基地于2012年5月28日开工兴建。

武钢历经三次创业，尤其是在联合重组鄂钢、柳钢、昆钢后，已成为生产规模近4000万吨的大型企业集团，居世界钢铁行业第四位，在2010年《财富》杂志"世界五百强"评选中排名428位，之后又蝉联三年进入"世界五百强"，排名不断前移。目前，武钢正在加快实施"三个转变"，全力打造"质量武钢、创新武钢、数字武钢、绿色武钢、幸福

西气东输二线施工现场

武钢"，努力建设具有国际竞争力的一流企业。

进入武钢产品陈列室，那真是一个五彩缤纷、令人目不暇接的钢铁产品"大观园"。武钢是中国重要的钢铁精品生产基地，拥有雄厚的自主创新能力。主要产品有热轧卷板、热轧型钢、热轧重轨、中厚板、冷轧卷板、镀锌板、镀锡板、冷轧取向硅钢和无取向硅钢、彩涂钢板、高速线材等上百个品种。其中，高附加值、高技术含量的产品占年产钢材总量的80%以上。目前，武钢正在大力兴建冷轧硅钢片、汽车板、精品长材、高性能工程结构用钢四大战略品牌精品基地。下面，让我们一起领略武钢钢材产品的风采：高强度石油管线钢，广泛应用于"西气东输"、"南水北调"等重大工程；百米钢轨，成功应用于"武广客专"等高铁线路，并中标京沪高铁；集装箱用钢，是中集集团、中国国际海运集装箱（集团）股份有限公司等集装箱制造商的主要供货商品；汽车用钢主要包括汽车用热轧板、汽车

世界最大水电站——三峡电站

用冷轧板和镀锌板，其生产工艺和综合质量具有世界领先水平，武钢是我国汽车用钢的生产基地之一，为东风汽车集团、南京汽车集团、一汽集团、神龙汽车等40余家国内知名的汽车制造商提供钢材，助力中国汽车工业飞奔；汽车轮胎帘线用材，成功代替了进口产品，并向贝卡尔特公司、米其林等知名公司提供稳定供货；军工钢，一直为军工企业提供制造坦克、装甲车等特种钢，为我国的国防事业作出了突出贡献；高性能建筑用钢，广泛应用于国家大剧院、首都机场、国家图书馆、中央电

北航道　　　　　　　　　　　　　　　　南航道

杭州湾跨海大桥

视台新址、"人间天路"——青藏铁路、北京奥运场馆"鸟巢"等一些重要的建筑与建设上；桥梁钢，阳逻长江大桥、芜湖长江大桥以及目前世界最长的跨海大桥——胶州湾跨海大桥等均使用了武钢的桥梁钢；冷轧硅钢，荣获"中国名牌产品"称号，产能世界第一，被广泛运用在机电、家电、航空航天等电工钢领域，包括神舟飞船系列、天宫一号的导航仪上也采用了武钢的无取向硅钢；船舶用钢，同样荣获"中国名牌产品"称号，武钢是我国著名的船板钢生产基地。

天兴洲长江大桥

大胜关长江大桥

广州新电视塔

国家体育馆（鸟巢）

中国国家大剧院

中国残疾人体育艺术培训基地

高速列车

北京中关村金融大厦

重　轨

岭澳核电站

秦山核电站

镇海基地 10 万立方米石油储罐群

燕山石化 10 万立方米石油储罐

参观完中国武钢博物馆,"钢铁是这样炼成的——科普之旅"活动正式落下帷幕。一路走来,大家在品味钢铁文明源远流长、博大厚重的同时,也感受到了钢铁科技点石成金、日新月异的神奇,从而对被誉为"国之脊梁"的钢铁有更深刻的认识和感受。一部武钢史就是新中国钢铁工业发展史的真实写照。让我们以史为鉴,继往开来,为早日实现"钢铁梦"和"中国梦"做出新贡献!

武钢博物馆

(李国甫)

冶金史话

YEJIN SHIHUA

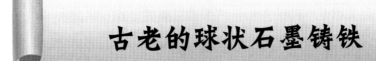

古老的球状石墨铸铁

1947年，英国人莫洛和美国人威廉斯宣布了一项轰动世界的发明——现代球墨铸铁的制取方法。从那以后，球墨铸铁便成为发展最快、最有前途的新兴工业材料之一。而莫洛与威廉斯便理所当然地成为球墨铸铁的创始人了。

然而，据考证，在历史悠久的文明古国中国，早在两千年就已经有了球状石墨铸铁。这确实是一件很有意义的事情。

金属学告诉我们，铸铁是一种铁元素与碳元素的合金。碳如果以碳化铁的形式存在于铁基体中间，其断面就呈白色，称为白口铁。白口铁又硬又脆，不易加工，现在主要用来炼钢。碳如果以20%的碳化铁和80%的石墨存在于铁基体中间，其断面则呈灰色，称为灰口铁。由于石墨具有柔软润滑的特性，因而灰口铁的流动性及成型性都很好，很适合于铸造，加工时也易于切削。加上炼制容易，价格低廉，所以几千年来它的使用一直很广泛。我国历年来出土的铸铁器，大部分是灰口铁。

灰口铁中，石墨一片片地密布着。这些片状石墨，像一条条的"裂缝"，当铸件承受拉力时，很容易产生应力集中，使铸件从这些微小裂缝处断裂。这种"硬而不韧"的缺点，限制了灰口铁的使用范围。但是，如果能想办法使那些片状石墨收缩成为一个个小圆球，情况就大不一样了。这种铸铁在承受拉力时，应力只是集中在那些石墨球上，抗拉强度大大超过灰口铁，而铸造性能与切削性能却仍与灰口铁一样，既有钢的坚韧性，又有灰口铁的耐磨性，价格也不太高。这当然是人们梦寐以求的理想材料了。

在现代，制取球墨铸铁的工艺并不复杂，只要在铁水中加点球化剂即可。球化剂起着画龙点睛的作用，好像做豆腐时要点一些卤水一样。最初的球化剂是既稀少成本又高的金属镁。在我国，采用的是储量丰富的稀土元素作球化剂。这大大降低了成本，加速了球墨铸铁的广泛应用。

目前已发现的古代球墨铸铁中，共有5件，它们是：1959年在河南南阳瓦房庄汉代冶铁作坊出土的铁镬；1974年在河南渑池出土的汉魏窖藏铁器中的铁斧、铁铲，以及同时发现的刻有"绛邑左"标志的铁铲（绛邑在今山西曲沃县）；1959年在河南巩县铁生沟汉代冶铁作坊遗址中出土的铁镬。其中巩县的铁镬最有代表性。它的内部结构具有典型的球铁特征，其石墨圆正度相当于现代球铁标准中的1～2级。这5件铁器的年代从西汉中期到北魏，即从公元前1世纪到公元6世纪初共约600多年。从春秋时期以后的1000多年时间里，我国古代劳动人民主要靠铸铁生产工具进行生产生活。那么，又硬又脆的铸铁是怎样做成耐用的生产工具的呢？这是国内外一些冶金学家长期迷惑不解的问题。

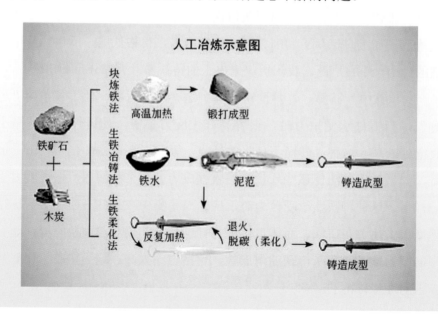

人工冶炼示意图

　　原来，我国古代聪明的冶铸匠师，找到了一种改造灰口铸铁的好办法——生铁柔化法。他们使白口铸铁件成批地退火，得到了大量的韧性铸铁产品。这些铸件，有的表面形成一薄层类似钢的组织，有的则完全脱碳成为钢，现在称它为铸铁脱碳钢。这是在达不到熔炼钢的温度（1500～1600℃）的条件下创造出来的一种"别开生面"的制钢法。这种生铁柔化技术，要比欧洲早22个世纪。在这些先进的技术基础上，我国汉代便创造出了球墨铸铁。

　　这种球墨铸铁的生产工艺，初步估计是用泥型浇铸的，具体来说，是以含硅较低的白口铁作为原料，在氧化气氛下进行石墨化处理得到的。这与现代制取球铁要求以含硅量较高的生铁做原料的要求不同，生产过程显然也要简单得多。这里头的奥妙至今还没有完全弄清楚。

（吴荣先）

黄河铁牛与古代冶金

　　山西省的永济市，是晋、秦、豫三省交界处，古称蒲州城，其城西15公里处是我国古代黄河上著名渡口——蒲津渡的遗址，世界桥梁史的传世之宝——黄河大铁牛就坐落在这里。

　　一进入蒲津渡口遗址，四尊小山似的巨型铁牛便豁然映入眼帘。它们呈矩形排列，分南北两组，两牛一组，皆头西尾东，前腿呈蹬状，后腿呈蹲状，矫角昂首，肌肉凸隆，膘肥体壮，威风凛凛。每尊铁牛高约1.9米，长约3米，牛尾施有铁轴以系浮桥铁索，直径约0.4米。

　　这四尊铁牛的重量分别为26.1吨、31.4吨、43.5吨和45.1吨，合计总重量是146.1吨，系唐朝开元十二年（公元725年）铸造。当时全国年产铁量仅100余万公斤，而蒲津桥工程所铸造的铁牛、铁人、索链，用去了约30余万公斤，占当时全国年产铁总量的近1/3。面对这些庞然大物，人们无不惊叹，无不被古人的聪明才智和高超的冶铸工艺水平所折服。黄河铁牛的体积之大，造型之美，工艺之精巧，可谓是中国少有，世界罕见，堪称"国宝"。

　　唐代出现如此大件的铁牛并不奇怪。早在2000多年前的战国秦汉时期，我国的冶铁技术就获得了极大发展，不仅生产了块炼铁，而且还冶炼出了生

铁。生铁冶炼产量大，而且液体成型，省去了块炼铁费工费时的工序。这种先进的铸铁工艺后来逐渐形成独特的冶铁技术体系，包括白口铸铁、灰口铸铁和麻口铸铁。

现代科学告诉我们，生铁中碳的含量一般控制在2.0%～4.3%，硅含量应在0.28%以下。2000多年前的古人就已经知道，生铁中的碳和硅会影响生铁的强度，因为生铁中碳和硅的含量越高，生铁硬度越大，质地越脆，韧性越差，并已经懂得利用氧化剂将生铁中的碳、硅等杂质除去。

在中原大地的河南荥阳古城，有一座汉代冶铁遗址，其规模之大令人叹为观止：发现了炼铁炉炉基两座，周围布满大量铁块、炉料烧结块、矿石堆、耐火砖、铁器等，炉渣的成分是以氧化硅为主的酸性渣，这说明炼铁过程中曾加入一定量的石灰作熔剂。

在荥阳汉代冶铁遗址现场，至今尚存几十吨准备入炉的矿渣堆及重约20吨的炉内积铁。据估算，炼铁竖炉的有效容积在50立方米左右，2000年前能建造如此大的炼铁炉，足以证明我国古代劳动人民高超的炼铁工艺。

我国唐代冶铁工艺已达到一个相当高的水平，而且铸铁的浇灌技艺也日臻成熟，黄河铁牛的多次浇灌技术略见一斑。

细心的人可以发现，在铁牛的上下部位有几处不显眼的"裂缝"，原来这些特设的缝纹，是用来观察浇铸、范块的痕迹，以便分析其浇铸质量。这些痕迹，为考证唐代就地浇铸技术提供了佐证依据。

　　唐代冶炼铸造工艺将泥范、铁范、熔模铸造工艺技术巧妙地融为一体，使铁牛、铁人达到了栩栩如生的艺术效果，技术是何等精湛，难怪被世人誉为是"中国劳动人民对世界桥梁、冶金、雕塑事业的贡献，是世界桥梁史上唯我独尊的传世之宝"。

　　黄河大铁牛，这几件堪称唐代精美绝伦的艺术品，具有丰富的遗存意义和极高的历史、科学、艺术价值，更为研究古代桥梁工程、冶铸技术提供了详实的实物资料，是我们永世的无价之宝。

（丰恒夫）

我国历史上第一个大型钢铁联合企业
——汉冶萍公司

"汉冶萍"公司全名为"汉冶萍煤铁厂矿有限公司",包括汉阳铁厂、大冶铁矿、萍乡煤矿,是我国历史上第一个大型钢铁联合企业。它由晚清洋务派首领张之洞开办,大买办盛宣怀接手,经北洋军阀时代,度过抗战八年,直到解放才回到人民的手中。

从大冶谈起

俗话说:"兵马未动,粮草先行",办钢铁,先要有矿石,这段汉冶萍小史就从大冶铁矿谈起吧。

早在2000多年前,大冶就是一处矿井遍布、炼炉林立、人声鼎沸的热闹地方。在大冶铜绿山,从考古学家们发现的几十吨炼渣。八千多米长的古代采矿巷道和大量的铜铁工具、先进的炼炉等,就可以描绘出当年这个巨大规模的炼铜中心盛况。

这个炼铜中心开始于商朝的小乙时

汉阳铁厂一景

代，一直延续到西汉，达1000多年。据推断，其产铜量不下10万吨，其冶炼水平，相当于欧洲19世纪的炼铜水平。

大冶铁厂

春秋战国时期，这片宝地属于楚国。由于它的发达的冶铜业大大促进了楚国生产力的发展，使楚国成为中原各国必须联合起来才能抗衡的一支劲旅。

到西汉后，铜绿山的冶铜业渐渐衰落，冶铁业却慢慢发展起来。据史书记载：公元227年，吴王孙权开采武昌的铜铁"铸刀剑万余"，就是在大冶县。不过当时还没有大冶这个名称，这一带属武昌郡管辖，直到公元967年，才设立大冶县。

大冶不仅以丰富的铜、铁而出名，而且还有丰富的金、银、煤、磷、锰、钨、铅、钍、镓、铟、钴、石棉、水银、云母、石墨、水晶、石英石、大理石等30多种矿物，是一个名副其实的"江南聚宝盆"。

我国著名作家徐迟有一段文字，专道大冶铁矿的好处："人一进山，俯拾皆是高品位矿石，山已被开采，峭壁和洞窟挺立在前，一眼看去，真个惊人。人在铁山中，一点也不错。峭壁上，岩洞中，闪闪发出金属的光彩，这铁山的矿脉像一幅幅巨大的壁画一样，画满峭壁，画满洞窟，呈朱红色、紫红色、赭色、褐色、绿色、蓝色、青色、金色、银色，色彩缤纷，什么绘画也比不上它！"

然而，在汉冶萍公司创办之时，为大冶铁矿的开采权，却扯起了一桩公案。

汉冶萍的开创

张之洞

　　中国近代史上，张之洞是个与洋务派首领李鸿章齐名的买办资产阶级代表人物，他一生办了许多工厂，在湖北办的重要厂矿有湖北枪炮厂，汉阳铁厂，大冶铁矿和纺纱、织布、缫丝、制麻四局。企业的规模、质量，仅次于李鸿章控制的企业。

　　早在1889年春，张之洞任两广总督时，就在广州开始筹办炼铁厂，但同年清政府把他调任为湖广总督，命令他修筑芦汉铁路。他乘机找理由说："铁路修造，应尽量用中国材料与中国资本，所以必须大规模开采矿山，并建立炼铁厂"。也就是说，修铁路先要有钢铁，买钢铁不划算，不如自己有钢铁，而要钢铁只有靠他张某人去抓。清政府觉得有道理，便让他开始筹办炼铁厂。于是张之洞便成了中国近代钢铁工业的创始人。

　　哪知张之洞这个人，对炼钢炼铁是个外行。他接到办炼铁厂的旨意后，立即打电报给清政府驻英公使刘瑞芬、薛福成，要他们速向英国订购设备。这刘、薛也是外行，便交待给英国梯赛特机器厂承办。此厂要求先把铁矿石与煤寄到厂里化验，弄清成分后，再提供相应的炉子，张之洞却说："中国这么大，什么东西没有。何必要先找到煤铁再购炉子，只管照英国现用的炼炉买一套回来就行了。"

　　英国人一看他们如此外行，便不再说什么，把碱、酸性炼炉高价卖给了中国2套，以8吨的酸性贝塞麦炉为主。然而，大冶铁矿的矿石含磷达1%，这种炉子炼出的钢易脆，不宜作钢轨，后来只好把炉子拆掉重建。这样一拆一换，还没有见到钢铁的影子，就白赔进去了一大笔钱。

　　为了炼铁，张之洞派人在湖北到处找矿。有个德国技师，根据有关线索，在大冶找到了丰富的铁矿，而且露在表面，开采十分方便。

中国雇佣的外国人，在中国土地上发现了矿藏，应该首先向中国汇报，可是，这个技师却先向德国政府报告。德国便向清政府提出要占有开采权。在德政府高压下，清政府退让了，双方订立条约规定："以后铁矿采掘及铁道敷设一切器具，皆须购自德国，技师则独聘德人。"

在"汉冶萍"开办的初期便做了两件赔本买卖，这预示了它的暗淡前景。在开办的过程中，实际是困难重重。

选址与找燃料

按一般观点，建钢铁厂厂址应选在靠近矿山或交通便利的地方，进原料、出成品都较方便，可是张之洞却摒弃了好方案，非要自作主张把厂址选在大别山下。他还振振有词地说："（厂址）与省城对岸，可以时常来往督察"，原来是为了他个人的视察方便。

那地方地势低洼，炉子的地基只好打得深深的。又因太靠江边，受到长江涨水的威胁，只好另修江堤一段，但仍免不了大雨之后排渍。那里既不接近燃料地，也不接近原料地，在交通运输业落后的当时，不知又白赔进去多少白花花的银子！

历尽千辛万苦，炉子建成了，没有焦炭怎么炼铁呢？勘探人员到处奔波，好不容易在大冶附近的王三石煤矿发现了好煤，开采了两年后，因积水过多无法排除，只好放弃。后来又开采江夏与马鞍山煤矿，但马鞍山的煤质不好，难炼出合格焦炭。为了解决这一问题，张之洞悬巨额赏金请人。但无论中国人还是外国人都未能解决。这样，只好一方面收购一部分湖南各地用土法开采的煤，另一方面用巨额向德国买焦。当时的炼铁技术不高，每炼铁100吨需焦炭110吨。德国的焦炭每吨要价20两白银，而生铁每吨也只值白银20两左右。因此，汉阳铁厂炼出的生铁也只够偿付焦炭费用。

德国焦炭既贵，又常因运输及其他原因，不能保证供应，造成铁厂经常封炉待焦。直到1898年，萍乡煤矿建成投产后，汉冶萍的燃煤问题才算基本解决，但这已是汉冶萍开办后的第9个年头了。

江西萍乡煤矿的开采，从唐宋开始，一直到清朝，都是用人工一点点挖的土办法。汉冶萍的建立，使萍乡煤矿也用上了机器开采。当时，全矿有工人3600多人，职员300多人，算得上一个大煤矿。

汉阳铁厂费了九牛二虎之力，炼出的铁的质量又怎样呢？由于当时的技术条件差，加上所请的外国技师大多数是打混的，他们始终未能解决脱磷的问题，因而汉阳铁厂所出的铁含磷量高，不能作为炼钢之用，更不用说制造机器了。不几年，张之洞把清政府给他的二百多万两银子花得精光。清政府指斥他"经营数载，糜帑已多，未见明效。"这一方面是不懂技术、盲目指挥所致，另一方面也是一切依赖外国人的结果。

萍乡煤矿山全景

1894 年的汉阳铁厂

一切依赖洋人

张之洞办钢铁厂，一信自己，二信洋人。汉阳铁厂动工以后，不仅机器设备、炼钢炉、炼铁炉和轧轨机等从英国、比利时购买，连厂房屋顶、横梁、水管、螺钉甚至水泥、炉砖、玻璃等，也都全部从外国进口。

张之洞把外国机器看作是"神物"。图纸必须从国外寄来，施工必须由外国工匠指挥，洋匠不到，就"停工待匠"；洋人不给图纸，就停工等待图纸。汉阳铁厂从1891年动工，因为英国所给的图纸不齐，耐火砖破损，一再停工，拖到1893年才建成。

汉阳铁厂聘请了外国总管、工程师、地质师、化验员和工匠等40人左右，这些人大多不学无术，每天还只干半天活，每月工资却一万多两白银。

汉冶萍越办越糟，入不敷出，张之洞只好大借外债。开办萍乡煤矿，他一次就向德商礼和洋行借了400万马克。他所开办的布、纱、麻、丝四局，仅欠瑞记洋行的债务就达50万两白银。

这样，张之洞办了6年汉冶萍，总共耗费了白银582万多两，最后他自己也不得不承认铁厂的某些产品质量不好，成本太高，销路不广，无力开支，只好建议改"官办"为"官督商办"。于是"汉冶萍"的大权落到了大买办盛宣怀手中。

盛宣怀接办汉冶萍

接办"汉冶萍"的盛宣怀是个什么人呢？

盛宣怀是李鸿章手下的一名幕僚，后来当上了天津海关道、商约大臣、邮传部大臣等要职，他经营许多企业，个人投资也多，是洋务派大官僚中最大的工商业资本家。

盛宣怀

他的起家，途径之一是利用职权，假公济私。他利用官督商办控制资金，吞食其他企业，再巧取豪夺，把这些企业的股份据为己有。如在汉阳铁厂100万两白银的股本中，盛宣怀的招商局的投资高达80.4%，在萍乡煤矿的100万两白银的股本中，招商局和电报局的投资占了45%。所以，当张之洞的汉冶萍办不下去的时候，只好让盛宣怀来接办。

盛宣怀接办汉冶萍，走的仍是借债的老路。1904年，盛宣怀一次就向日本借了300万元，并以大冶矿山和大冶矿务局的现有设备和将来扩充的设备作保，他个人也捞饱了"回扣"（即外国商人付给借款经办人的报酬）。

1911年，辛亥革命爆发，满清王朝被推翻，当时任汉冶萍公司总经理的盛宣怀于当年年底逃亡到大连，再逃亡到日本。当时，对汉冶萍资源垂涎已久的日本，乘机以借款为钓饵，诱使民国政府与日本"合办"汉冶萍，盛宣怀为了保住自己的巨大产业，也极力促成此事。消息传出后，引起全国反对，孙中山也看出了日本和盛宣怀的鬼把戏，毅然废除草约。

1911年，盛宣怀从邮传大臣的宝座上下台，有人给他送去两只宣威火腿，拜帖上故意把"威"字写成"怀"字，使宣威火腿成了宣怀火腿，辛辣地讥讽盛宣怀这条走狗为帝国主义跑断了双腿。有了盛宣怀这样的忠实走狗，汉冶萍后来也遗憾地落到了日本帝国主义手中。

汉冶萍的设备能力

汉冶萍的设备能力如何呢？盛宣怀接办以前，汉冶萍共有大厂6个，小厂4个。大厂有炼铁厂（100吨高炉2座）、钢厂（8吨转炉2座）、平炉厂（10吨酸性平炉1座）以及造钢轨厂、造铁货厂、炼熟铁厂等，小

厂有机械厂、铸铁厂、打铁厂和造鱼片钩厂。

1896年盛宣怀接办汉冶萍后，汉阳铁厂进行了扩建。1908年2月，汉阳铁厂、大冶铁矿、萍乡煤矿合并为"汉冶萍煤铁厂矿公司"。再次改造、扩建，设备增加到100吨高炉2座、250吨高炉2座、150吨调和炉1座、30吨平炉7座、各种轧机4套，建成了一个从采矿到炼焦、冶炼、轧钢的大型钢铁联合企业。

1918年，大冶铁厂兴建。1921年完工，1922年出铁。"汉冶萍"公司中的大冶新铁厂，增加了2座150吨化铁炉。

此后，钢铁产品质量有了很大提高，国内外销路逐渐打开。其产品经本厂试验和英、德、美、日专家的试验，一致认为"质量优良，无懈可击"。产品远销日本、澳大利亚、南洋群岛，甚至美国。因为美国人发现汉冶萍的产品质量"刚中兼柔，锉削如意"（现在，仍使用大冶铁矿的武钢产重轨、铁道车辆钢，因其含铜、耐腐蚀而畅销国内外）。

当时，正是第一次世界大战期间，欧美帝国主义国家忙于战争，暂时放松了对中国的控制，中国的民族工业得到空前发展。

战争的需要，使铁价暴涨，销路很广。汉冶萍在大战前每年要亏150万到280万元，战后头一年便开始盈余。1918年利润高达377万元。汉冶萍的产量也逐年增加，1919年上升到16.6万多吨。这是汉冶萍的全盛时期。但是，这种繁荣并没有持续多久，第一次世界大战结束后，铁价暴跌，中国的钢铁业受到沉重打击，许多新建的钢铁厂停工减产，汉冶萍也走上了下坡路。

悲惨结局

从1903年起，盛宣怀便以汉冶萍的厂矿财产作为抵押，不断向日本借债。日本正是利用"借款"等手段打了进来。

1913年，汉冶萍公司以应允40年内售给日本八幡制铁所上等矿石1500万吨、生铁800万吨为条件，向八幡制铁所和正金银行借款1500万元。从此，汉冶萍便被日本控制起来。第一次世界大战时，世界铁价暴涨，但由于日本的控制，汉冶萍公司的价格不能提高，销路也不许扩大。第一次世界大战期间，共售给日本生铁30万吨、铁矿石1000万吨。每吨生铁比国际市场少卖130多元。

第一次世界大战以后，铁价跌落，汉冶萍便只好以出卖铁矿石度日，欠日本的债也越来越多，到了北洋军阀和国民党统治时期，汉冶萍公司的大权便全部落到了日本人手中。

大冶铁矿从1896年开采供矿，到1935年的39年间，共开采矿产1200万吨，汉阳铁厂自用340万吨，其余860万吨全部运往日本。由于日本用相当于欧洲市场三分之一的价格收购，从中获利4500万元，远远超过了它给汉冶萍公司的全部借款2000万元。

1926年，汉阳铁厂全部停产。抗战期间，部分设备内迁到四川大渡口钢铁厂和广西等地。汉阳铁厂、萍乡煤矿和大冶铁矿则先后被日本占领。

大江东去，流水时光。汉冶萍早已成为历史，但在汉冶萍基础上发展起来的大冶铁矿，至今仍源源不断地为武钢提供大量的矿石。亲爱的朋友，当你看到高炉出铁的映天红光，你一定会神思遐想。是啊！在中国共产党的领导下，中国人民受压迫受欺辱的时代一去不复返了，中国人民正自力更生，奋发图强，朝着把我们的祖国建设成为现代化的社会主义强国的方向奋进！

（吴荣先）

钢铁冶炼史上的里程碑： 转炉炼钢法

在古希腊神话故事中，人类被分为四个时代：黄金时代、白银时代、青铜时代、黑铁时代。按照这个说法，人类早已经过了黄金时代、白银时代、青铜时代，我们现今生活在"黑铁时代"。古人有知识上的局限，他们不认识钢。其实所谓黑铁时代，就是指钢铁时代。从现代金属分类来看，金、银、铜是有色金属，所以有"黄、白、青"三种颜色，而铁是黑色金属，所以只有"黑"一种颜色；从人类发现这些金属的历史进程来看，人类依次发现了金、银、铜，最后才是铁。有道是后来者居上。如今，伴随着钢铁的大量生产，彻底改变了我们生活的这个世界：钢轨在铁路上延伸，钢桥越过江河湖海，钢轮横渡大洋，钢筋混凝土大楼冲天而起，汽车、火车、大炮，甚至锅碗瓢盆，事事处处都有钢铁矫健的身姿和迷人的风采。

如果我们把"黑铁时代"细分为"铁时代"和"钢时代"的话，那么，可以说人类正阔步前进在"钢时代"。大家知道，铁经过冶炼才能成为钢，所以我国有"百炼成钢"的成语，即铁经过"千锤百炼"便成为坚韧的钢，比喻经过长期的、多次的锻炼使人非常坚强。

说起炼钢的历史，还真有一段趣话呢！早在公元前15世纪，亚美尼亚就出现了最初的钢，它是由"渗钢法"冶炼出来的。只要反复加热、捶打熟铁，让碳素逐渐渗入其中，熟铁就变成了钢。这种炼钢方法极费工夫，钢的产量也十分有限。此后3000多年，英国人发展了印度古老的

"坩埚"炼钢法，通过加热坩埚中的铣铁、碎玻璃和木炭，将铣铁熔化成钢。这种方法虽然提高了产量，但是一次也只能炼几十公斤，仍然不能使钢大展雄姿。

直到英国人贝塞麦发明转炉炼钢法，钢的产量才大大增加。那是1854年，正是著名的克里米亚战争期间，英国著名发明家贝塞麦研制出的新式步枪和新式大炮被广泛应用到战场上。然而由于当时制造武器的材料质量低劣，炮膛很容易炸裂，想要改进枪和大炮的质量，贝塞麦所能想到最坚固的材料就是钢了，可是当时钢的生产速度十分缓慢，根本跟不上武器制作的速度。直到战争结束，贝塞麦也没有研究出能大量炼出钢的方法。后来有一天，贝塞麦在实验室里检查鼓风机的时候，突然发现坩埚边上的一片铁片已经被炼成钢了。经过贝塞麦仔细观察之后终于发现，原来铁片粘在坩埚的边缘，随着坩埚而加热的同时吸取了鼓风机吹来的大量氧气，正是这些氧气将生铁里的碳氧化，从而使铁片变成了钢片。通过这次发现，贝塞麦很快就设计出了从坩埚底部吹进氧气帮助氧化的方法，进而发明了新式

转炉炼钢

转炉。这种新式转炉和以往的炼钢炉有较大差别，它是一个架在转体上的罐状装置，可以自由地旋转、倾斜，方便装载铁水和卸载成钢。使用时，先将纯质铁水倒入罐中，再将强烈的热风从炉底吹入，只要等待十几分钟，钢就被炼成了。随后，贝塞麦公开发表了他的转炉炼钢技术并申请了专利。贝塞麦的转炉炼钢法在冶炼史上具有划时代的意义，它标志着"钢时代"即将代替已经有几千年历史的"铁时代"。

20世纪40年代，大型空气分离机的出现使氧气制造成本大大降低，这样为氧气在炼钢中的应用奠定了基础。瑞典人罗伯特·杜勒首先进行了氧气顶吹转炉炼钢的试验，并获得成功。1952年，奥地利的林茨城（Linz）和多纳维兹城（Donawitz）先后建成了30吨的氧气顶吹转炉车间并投入生产，所以此法也称为LD法。美国称为BOF法（Basic Oxygen Furnace）或BOP法（Basic Oxygen Process）。由于氧气转炉炼钢法生产效率高、成本低、钢水质量高、便于自动化操作，一经问世就在世界范围内得到推广和发展，并逐步取代平炉。目前，世界上用平炉炼钢的国家相当少，我国已没有平炉。可以说，氧气顶吹转炉炼钢是近60年来钢铁领域的重大事件之一。1964年12月，我国第一座30吨LD转炉在首钢投产。

在顶吹氧气转炉发展的同时，1978年至1979年成功开发了转炉顶底复合吹炼工艺，即从转炉上方供给氧气（顶吹氧），从转炉底部供给惰性气体或氧气。它不仅提高了钢的质量，降低了消耗和吨钢成本，而且更适合供给连铸优质钢水。

贝塞麦的转炉炼钢法在世界钢铁冶炼史上具有里程碑意义，自此以后，炼钢技术获得突飞猛进的发展。随着用户对钢材性能和质量的要求越来越高，钢材的应用范围越来越广，同时钢铁生产企业也对提高产品产量和质量、扩大品种、节约能源和降低成本越来越重视。在这种情况

炉外精炼

炉外精炼提抢

下，转炉炼钢生产工艺流程发生了很大变化。铁水预处理、复吹转炉、炉外精炼、连铸技术的发展，打破了传统的转炉炼钢模式，已由单纯用转炉冶炼发展为铁水预处理—复吹转炉吹炼—炉外精炼—连铸这一新的工艺流程，氧气转炉炼钢已由原来的主导地位变为新流程的一个环节，主要承担钢水脱碳和升温的任务了。这一流程以设备大型化、现代化和连续化为特点。由此可以预见，在不远的将来，"声名显赫"、"功勋卓著"的转炉炼钢法必将被新的炼钢技术取代，成为炼钢史上的一段佳话。

（涂诚澄）

记忆中永不磨灭的初轧厂

　　1999年12月10日，投产近40年，在传统钢铁生产流程中担负"承上启下"重要使命的武钢初轧厂，整条生产线和整个生产工艺从武钢联合生产中淘汰出局，停产关门，光荣退休。

　　在平炉主宰炼钢的时代，初轧是从平炉炼钢到成材之间的中间工序。铁经过平炉百炼成钢后形成方锭或扁锭，它们必须经过初轧机"初轧"成坯后，经清理、剪切、冷却、质检等工序才能发送到下游成材厂生产。这就好比传统的面食加工过程，一般说来，面粉变成面食，和面、揉面、擀面是必不可少的，然后再经过烤、炸、蒸、煮等工艺才能制作成美味可口、品种繁多的面食食品。面粉加水后形成的面团就好比平炉炼钢后形成方锭或扁锭，初轧厂的工作就好比和面、揉面、擀面，而成材厂就好比烤、炸、蒸、煮等工艺。由此可见，初轧在传统钢铁生产流程中具有不可或缺的重要作用。

　　武钢初轧厂是原国家重工业部和国家建委批准建设的。该工程由前苏联国立冶金工厂设计院列宁格勒分院和武汉钢铁设计院设计，武钢建设公司承建。初轧厂于1958年12月建立，此前的筹建工作由武钢轧钢筹备组主持。1959年6月28日第一期工程破土动工。1960年7月6日一次投料试轧成功。1965年第二期工程投入生产。1965年至1972年完成了第三期工程。1976年至1979年完成了初轧改造与硅钢前工序配套工程。到

1150毫米可逆式初轧机

1985年底，初轧厂已基本形成了设计年处理钢锭245万吨的生产规模。

当时的初轧厂下设17个科室和均热、轧钢、精整、运转4个生产车间以及机械、电气2个辅助车间，115个班组。初轧厂有设备1666台（套），总重16755吨。电机总容量29000千瓦。固定资产原值12163万元。主要设备有：四角烧嘴换热式均热炉10组，每组最大装入量260吨（钢锭）；上部单烧嘴换热式均热炉3组，每组最大装入量200吨（钢锭）；轧辊直径约1150毫米二辊可逆式方板坯初轧机1台；CM68-6-2热火焰清理机1台；1600吨下浮动轴式热剪断机1台；20吨钢锭车1台；轧制线输送辊道25组，总长190米；20/50吨钳式吊车4台；15吨耙式吊车5台；20吨回转夹钳吊车4台；36～40吨揭盖机7台；100吨桥式吊车1台；75吨桥式吊车3台；30吨桥式吊车2台；25吨桥式吊车3台；轧钢主电动机2台，容量4千千瓦；发电机2台，容量4300千瓦；发电机组原动电机1台，容量9200千瓦。初轧厂主体设备由前苏联乌拉尔（YPAN）等重型机器厂和哈尔科夫（XAPKDB）电机厂承造。改造的配套设备由美国联合碳化物UCC公司、日本东洋工程株式会社、英国兰德（LAND）公司、荷兰飞利浦（PHILIPS）电子公司引进。国内配套设备主要由太原重型机器厂、大连起重机厂、哈尔滨电机厂等单位制造。

从一、二炼钢厂运送至初轧厂的热钢锭（红锭）或从本厂钢锭库运出的冷钢锭（黑锭）由钳式吊车装入均热炉。钢锭经均热后吊出炉，运至钢锭车或钢锭倾翻装置，输送至辊道，经回转台转向进入初轧机轧制。成坯后，经火焰清理机清理，进入剪断机按定尺剪切成品，由耙式吊车或凹转夹钳吊车运至整理场地，经冷却、描号人工火焰清理、质量检查、最后入库待发。

武钢初轧厂均热炉台

低碳钢、普通低合金钢生产工艺

低碳钢轧制工艺。 钢锭按炉罐号装入均热炉，装炉前炉温提高到1300℃，最高加热温度为1370℃，开轧温度不得低于1150℃，终轧温度不得低于1100℃。成坯后剪切，剪切温度不低于800℃，剪切长度偏差正80毫米，成品经自然冷却后，整理入库。

中碳钢轧制工艺。 中碳钢轧制工艺与低碳钢轧制工艺基本相同。不同处是冷锭装炉前炉温降至800℃，加热温度为1360℃。

重轨钢坯轧制工艺。 重轨钢坯轧制工艺与低碳钢亦基本相同，不同处是钢锭带热装入均热炉，最高加热温度为1340℃。

硅钢坯生产工艺

取向硅钢坯轧制工艺。 用保温车运进厂的取向硅钢锭，装炉时炉墙温度不高于850℃，加热速度每小时升温不大于70～80℃，最高加热温度为1280℃，均热时间6～8小时，开轧温度保证在1150℃。轧制中防止冷水直接喷淋表面。终轧温度为1000～1100℃。成坯后经火焰清理机四面清理，清理深度2～3毫米，清理速度35～45米／分。剪切时减少冷却水，剪切后即装入保温车送热轧厂。

无取向硅钢坯轧制工艺。 无取向硅钢坯的轧制工艺与取向硅钢坯的不同处是各个牌号的钢锭均热时间和温度各不相同。

初轧厂的生产原料钢锭有方锭和扁锭2种，规格为13.5～8吨共7种。

初轧厂一期工程于1960年5月竣工。同年7月6日一次投料试轧成功，随即投入生产。开工初期，由于大型厂、轧板厂停建，初轧厂生产的钢坯在武钢内部不能加工成钢材，遂生产非设计规格150毫米×150毫米等小断面方坯向外部销售，轧机能力受到限制。大型厂、轧板厂投产后，初轧厂生产的钢坯转为内部加工，改变了品种结构，产量开始上升。"一米七轧机"投产后，初轧厂产品基本定型，发挥了设计能力，生产稳步发展。

初轧厂产品品种有板坯和方坯2大类，钢种有普碳钢、优质结构钢、低合金钢、造船钢、容器钢、军工钢及硅钢等50多个种类，产品规格为：板坯（断面厚×宽）（100～250）×（1000～1700）毫米，方坯（断面厚×宽）200×200毫米～250×250毫米。

初轧厂开工生产以来，除1961年停产月余，及"文化大革命"中受到影响外，生产从未间断。生产最差的1969年处理钢锭75万吨，仅达设计指标的30.5%；1979年处理钢锭242.56万吨，达到设计指标的99%；1978年10月22日处理钢锭1.01万吨，创日产最高纪录；1999年，初轧厂积极抢占特殊钢材市场，全年共研制、开发模具钢、锻造钢、小方钢、无缝管钢坯、工业纯铁五大系列新品种111个，外销特殊钢材5万多吨，销售额达6000多万元。投产近40年来，初轧厂在武钢的生产中一直扮演着"上保钢、下保材"的重要角色，为武钢的发展发挥了巨大的作用。投产近40年来，累计生产钢坯（材）5679.7673万吨，产品除供给武钢内部用户外，还销往国内23个省、市、自治区和港台地区以及东南亚部分国家，外销钢坯（材）达961.0637万吨。

钳式吊吊运钢锭

钢坯剪切

钢坯火焰处理

钢锭库

日新月异的科学技术，在推动钢铁事业蓬勃兴旺发展的同时，又无情地淘汰着一批又一批落后的技术和生产工艺。由于全连铸技术的异军突起，曾经风光无限的平炉炼钢完完全全被转炉炼钢替代，与其相匹配的初轧工序因为没有用武之地而失去了存在的必要。武钢一炼钢厂"平改转"投产，宣告初轧厂功成名就，标志着武钢在全国各大钢厂中率先实现全连铸，是武钢调整产业结构、优化产品结构走出重要的一步，是武钢向依靠科技进步，关、停、并、转落后生产工艺迈出重要的一步。初轧厂的关闭简化了从钢到材的生产流程，每吨钢材的生产成本可降低200多元，经济效益非常可观。

笔者有幸见证了武钢初轧厂轧完最后一块钢的历史时刻。当时我任初轧厂均热车间主任，当我指挥当班职工将均热区域所有设备关闭，亲手拉下现场总电源时，现场一片漆黑、沉寂。此时此刻，我和现场所有的人默默地站在原地，眼泪情不自禁地往下流。弹指一挥间，我们告别初轧厂十多年了，然而，初轧厂给我们留下了永不磨灭的记忆，眼前依然是灯火通明，耳旁依然是马达轰鸣。我的脑海中不禁想起《史记·刺客列传》中的千古名句：风萧萧兮易水寒，壮士一去兮不复还！

（贺才贵）

钢铁大家族

GANGTIE DAJIAZU

钢铁命名

当前，年轻的夫妇在孕育小宝宝后一个很重要的任务就是给小宝宝取名字。取名字这项任务很慎重，有的父母会翻阅字典，有的父母会求助于网络，这样慎重都体现了取名字的一个重要作用——作为一个个体的标记，避免和身边的人重名。曾经出现过某市某局的前任局长和继任局长同名同姓，任免通知书上就出现了该局长一边被免职一边又任职的特殊情况，成为社会上一时的趣谈。

每种钢铁产品就像每个人一样，也需要取一个独特的名字，以避免和其他钢铁产品重名。钢铁产品名字的学名叫作牌号，牌号就是钢铁产品标准中对不同化学成分、性能的产品规定的代号。人名在出生后就立即被用在各种场合中，比如出生证明、户口薄等地方；钢铁产品牌号则会使用在产品标准、合同、质量证明书等文件上。

钢铁产品牌号可由其他国家标准、中国国家标准、中国行业标准以及企业标准、技术协议规定。其中其他国家标准按该国家相关标准要求命名，比如日本JIS标准系列中普通结构钢主要由三部分组成：

第一部分表示材质，如S（Steel）表示钢，F（Ferrum）表示铁；

第二部分表示不同的形状、种类、用途，如P（Plate）表示板，T（Tube）表示管，K（Kogu）表示工具；

第三部分表示特征数字，一般为最低抗拉强度。

例如，SS400——第一个S表示钢（Steel），第二个S表示"结构"（Structure），400为下限抗拉强度400兆帕，整体表示抗拉强度为400兆帕的普通结构钢。

SPHC——S表示钢（Steel），P表示板（Plate），H表示热（Hot），C表示商业（Commercial），整体表示一般用热轧钢板及钢带。

美国的钢铁牌号表示方法，通常采用SAE（美国汽车工程师协会），ASTM（美国材料与试验协会）等标准的牌号表示方法。大多采用英文字母加阿拉伯数字表示。如SAE标准体系，对碳素钢的表示方法为：

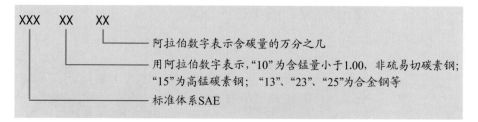

例如SAE1006、SAE1008等。

ASTM标准体系的牌号表示方法非常特别，由于该系列标准中只规定了钢的级别（级别主要是以强度来区分，通常单位为千克）以及类型（类型主要是采用的成分体系不同），没有其他标准中常用的牌号概念。因此，我们给ASTM标准中的钢种起名时一般都采用标准号加级别和类型。

例如，ASTM572 Grade50Cu。其中ASTM572是指采用标准号为ASTMA572/A572M的标准；Grade是级别的英文（有时也采用缩写GR）；50是指50千克（即345兆帕）强度级别；Cu是指成分中含Cu元素的类型，类型有时也规定为A、B、C、D或1、2、3、4，此时的类型表示方法为Tape（类型的英文）加A、B、C、D或1、2、3、4。

欧洲标准由原来各国执行本国的独立标准，逐步过渡到现在主要以DIN（德国工业标准）和BS（英国标准）为基础制定的EN（欧洲标准），主要是按照钢的用途和力学或物理性能命名：

第一部分一般采用S（结构钢）、P（压力容器用钢）、L（管道用钢）、E（工程用钢）来表示用途；

第二部分一般采用最小屈服强度值来区分钢种级别；

第三部分一般采用JR（20℃冲击）、J0（0℃冲击）、J2（-20℃冲击）、K2（要求更高的-20℃冲击）表示；

第四部分一般采用+AR（没有任何特殊轧制和热处理状态交货）或+N（正火状态交货）表示；

例如，S355JR+AR表示结构钢（S），屈服强度下限为355兆帕，做20℃冲击，一般状态交货。

中国国家标准或行业标准中的牌号命名均应按GB/T 221标准规定的牌号表示方法执行。普通质量非合金钢牌号表示方法是参照ISO和其他国家标准，用屈服点数值或抗拉强度值作为牌号的主要表示方法。其优点是从牌号中可以反映强度级别、质量、特性和用途，比较科学和方便。

具体来说，普通碳素结构钢和低合金高强度结构钢的牌号由代表钢的屈服点的汉语拼音的字母（Q）、屈服点的数值（阿拉伯数字）和质量等级符号（A，B，C，D，E）三个部分按顺序排列而成。

例如Q345A，其中Q表示钢材屈服点"屈"字汉语拼音的首位字母；345表示屈服点的数值为345兆帕；A为质量等级符号。A、B、C、

D级冲击试验条件与普通质量非合金钢相同，冲击功较普通质量非合金钢高，规定冲击功大于34J；而E级为在-40℃做冲击试验，冲击功为大于27J。

优质碳素结构钢牌号是用阿拉伯数字表示平均含碳量的万分之几。沸腾钢和半镇静钢在牌号后边加符号"F"和"b"，镇静钢不标符号。如08F，表示含碳量为0.05%～0.11%，平均含碳量为0.08%；15F表示含碳量为0.12%～0.19%，平均含碳量为0.15%。也有用Al脱氧的镇静钢在牌号后加Al，例如08Al。

专门用途的优质非合金钢和优质低合金钢牌号采用阿拉伯数字、化学元素符号和代表产品用途的符号表示。其中阿拉伯数字表示平均含碳量的万分之几；元素符号表示添加的合金元素含量，一般以百分之几表示，当其平均含量小于1.0%时，在牌号中只标元素符号而不标明含量；用途的符号是指该钢种使用用途的汉语拼音首字母，如20g、14MnNbq、16MnR。

对专用钢一般在前述牌号的后面加上用途的代码，具体代码见下图。例如Q345R，就表示屈服强度（Q）最小值为345兆帕的容器板（R）。

产品名称	采用的汉字及汉语拼音或英文单词			采用字母	位置
	汉字	汉语拼音	英文单词		
锅炉和压力容器用钢	容	RONG		R	牌号尾
锅炉用钢（管）	锅	GUO		G	牌号尾
低温压力容器用钢	低容	DI RONG		DR	牌号尾
桥梁用钢	桥	QIAO		Q	牌号尾
耐候钢	耐候	NAI HOU		NH	牌号尾
高耐候钢	高耐候	GAO NAI HOU		GNH	牌号尾
汽车大梁用钢	梁	LIANG		L	牌号尾
高性能建筑结构用钢	高建	GAO JIAN		GJ	牌号尾
低焊接裂纹敏感性钢	低焊接裂纹敏感性		Crack Free	CF	牌号尾
保证淬透性钢	淬透性		Hardenability	H	牌号尾
矿用钢	矿	KUANG		K	牌号尾
船用钢	采用国际符号				

各国船板的牌号都是一样的，主要有屈服强度235兆帕级别的A、B、D（质量等级符号，代表冲击温度不同）和345兆帕级别的A32、A36，为了区分不同船级社的船板，一般采用船级社代号加质量等级表示。

冷轧电工钢（俗称硅钢）分为取向硅钢和无取向硅钢，牌号通常由三部分组成：

第一部分：材料的公称厚度（单位为毫米）100倍的数字。

第二部分：普通级取向电工钢用符号"Q"（即"取"字的汉语拼音首字母大写）表示，高磁导率级取向电工钢用符号"QG"（即"取"和"高"的汉语拼音首字母大写）表示，无取向电工钢用符号"W"（即"无"的汉语拼音首字母大写）表示。

第三部分：取向电工钢，磁极化强度在1.7特斯拉和频率在50赫兹，以瓦/千克为单位及相应厚度产品的最大比总损耗损值的100倍；无取向电工钢，磁极化强度在1.5特斯拉和频率在50赫兹，以瓦/千克为单位及相应厚度产品的最大比总损耗值的100倍。

例如，公称厚度为0.30毫米，比总损耗P1.7/50为1.30瓦/千克的普通级取向电工钢，牌号为30Q130；

公称厚度为0.30毫米，比总损耗P1.7/50为1.10瓦/千克的高磁导率取向电工钢，牌号为30QG110；

公称厚度为0.50毫米，比总损耗P1.5/50为4.0瓦/千克的无取向电工钢，牌号为50W400。

钢铁产品牌号力求用最简单的字母与数字的组合来表达出它自身的使用特性，让人一看就容易记住，也方便了大家的交流与选材，凝聚了钢铁技术工作者的心血与智慧。

（周学俊）

钢铁大家族

钢铁家族中的佼佼者

神奇的高锰钢

现代战争中战士戴的钢盔，是用高锰钢制造的，既坚硬，韧性又好，一般弹片和子弹都打不穿。

这种钢虽然200多年前就有了，但那时谁也不愿意用它。因为在炼钢中掺入锰，钢虽然变硬了，但也变脆了。钢中加入锰越多就越脆。如果钢中的锰含量达到3.5%，那就脆得如同玻璃，甚至一碰就碎。

后来，英国年轻的冶金学家海费德，想看看钢中掺入了锰后，究竟会脆到什么程度。于是，他进行了一次又一次的试验。当钢中的锰含量增加到13%时，奇迹发生了，锰钢变得既坚硬又富有韧性！从此，锰钢身价百倍，变成了重要的工业材料。现在，铁路钢轨交叉处，掘土机的铲斗、钢磨、滚珠轴承，常常用高锰钢制造。在军事上，它还用来制作坦克和战车的装甲等。

高锰钢还有一种奇特的性质，当加热到850℃左右的时候，会变得十分柔软，这样就很容易加工。高锰钢含锰量在14%以上时，还不会被磁铁所吸引。因此，人们可以用它来做军工舰上舵室和一切接近罗盘的钢铁机件。这是因为罗盘附近的钢铁机件一旦有了磁性，就会使指南针失灵指偏方向。

"削铁如泥"的合金钢

《水浒传》里有个"杨志卖刀"的故事，说的是杨志的那口宝刀，把一叠二十文的铜钱，只一刀，就齐齐地截成了两叠！这固然有些夸张，但我们古代宝刀、宝剑之锋利，确实是名扬天下的。令人更为惊奇的是，考古学家发现，古代的刀、剑都含有一种金属——钨。

钨，是所有金属中最不怕热、熔点最高的一种。因此，在钢中加入钨所制成的钨钢，也具备了钨的这种优良特性。用普通的钢做车刀，当加热到250℃以上，钢便会变软，自然无法切削金属了；然而，钨钢做的车刀，即使温度高达1000℃，也坚硬如初。除了车刀，还有高速旋转的机轴，耐高温的枪筒、炮管等等，都得用钨钢来制造。

在第一次世界大战中，英国初次使用坦克，便凭着厚厚的钢甲，在战场上势如破竹。可惜，好景不长，德军的炮弹竟然打穿了厚厚的钢甲，使英军的坦克失去优势。英国人仔细分析了德军的弹头，发现其中也加入了钨。事后，英军在钢中加入了一些铬、锰、镍、钼等元素，做

成新型的坦克钢板，厚度只有原来的三分之一，可是德军的炮弹却不能击穿它。

这是为什么呢？原来，铬能提高钢的硬度和强度，而镍可以增加钢的韧性和可塑性。如果在钢中既加入了铬，又加入了镍，便得到性能优良的镍铬钢了。

现在，世界上已经能生产几千种"性格各异"的合金钢，以满足工业生产的各种需要。硅钢是制造变压器的好材料。它不像用普通的铁制作的铁芯，常常会发热，消耗大量的电能；而用硅钢，几乎不会消耗电能。钒钢异常锐利，用来制造炮弹头，可以击穿40厘米厚的优质钢板。含镍36%的合金钢，在100℃以内的温度中，几乎不膨胀或收缩，很适宜制造精密量具。

垃圾堆里发现的不锈钢

谁能想到，光亮夺目的不锈钢，竟是从垃圾堆里发现的！

在第一次世界大战时，英国科学家亨利·布里尔利受英国政府军部兵工厂委托，研究武器的改进工作。那时，士兵用的步枪枪膛极易磨损，布里尔利想发明一种不易磨损的合金钢。后来，他往钢中加入各种各样的元素，做了好多试验，都没有成功。他失望地把它们抛进了垃圾堆。过了很久，奇怪的现象发生了：垃圾堆里大部分废铁都锈蚀了，只有几块含铬的钢仍旧是亮晶晶的。布里尔利拣出来详细研究，发现含碳0.24%、含铬12.8%的铬钢，任凭日晒雨淋也不易生锈，又不像一般钢铁那样"怕"酸碱。因为铬钢太贵、太软，不能造枪，于是，他办了一个餐刀厂，生产不锈钢餐刀，轰动了欧洲。1916年他取得英国专利，并开始大量生产，成了"不锈钢之父"。

后来人们还发现，在不锈钢中除了加入铬以外，再加入少量的镍、钼、钛、铜、硅和一些稀有金属，能进一步提高它的抗锈本领。现在，不锈钢已发展成为一个合金大家族，品种不下数百种。

现在，科学家们又研制出了彩色不锈钢。它是普通不锈钢经着色和固化工艺获得的。将普通不锈钢浸没于含铬酸的热溶液中，其表面就被溶液浸蚀，形成薄而透明的氧化膜，能吸收一定波长的光而呈现一定的色彩。有趣的是，浸泡的时间不同，氧化膜的色彩也不一样。如果溶液加热到70℃，浸15分钟就成蓝色，浸18分钟可获金黄色，22分钟变紫色，24分钟呈绿色。然后，将其放置于铬酸、硫酸溶液中做电解处理，氧化膜颜色就被固定下来。

当然，不锈钢也不是绝对不生锈。在受到一些强腐蚀剂侵蚀时，它也会生锈，只是不会像一般钢铁锈得那么厉害。

（袁小燕）

钢铁大家族

21世纪的"高大上"产品
——高精度冷轧带钢

冷轧并非工作在"寒冷"的环境中,只是相对前道工序"热轧"而言的。冷轧在常温状态下加工热轧板,虽然在加工过程中因为轧制也会使钢板升温,但还是只能叫"冷轧"。冷轧工艺发轫于20世纪70年代初叶,之后获得迅猛发展。我国先后从德国和日本引进大量先进的冷轧设备和技术,冷轧水平不断提高。

冷轧是以热轧板为原料,经酸洗去除氧化皮后进行的轧制。冷轧通常采用纵轧的方式。冷轧生产的工序一般包括开卷、轧制、脱脂(酸洗)、退火(热处理)、卷取等,生产汽车板还需要镀锌等工艺。

冷轧产品应用广泛,如家电板、汽车板等都是高附加值的钢材产品,而高精度冷轧带钢是指理化性能、尺寸公差、平直度、粗糙度、表面质量、卷重等均大大优于国家标准的冷轧带钢。高精度冷轧带钢是带钢材中的精品,其附加值高,是目前钢材市场的热点。而我国目前高精度带钢的缺口还比较大,因此,大力发展高精度冷轧带钢具有重要的战略意义。

高精度冷轧带钢按材质可分为精密合金、电工钢、高温合金、弹簧钢、碳工钢、优质碳素钢、涂层复合材料等。自从高精度冷轧带钢问世以来,它就广泛应用于工业领域,当然主要应用还是集中在电子、机电及轻纺行业。下面,让我们来看一看高精度冷轧带钢"神通广大"的用途和"多才多艺"的风采。

彩色电视机的电子枪零件：如不锈钢弹簧、复合热双金属片的彩管、偏转线圈紧围带或磁芯紧固弹簧夹及彩管零件底板等。

录放机磁头的金属材料：录放机磁头对金属材料具有高精度、厚度偏差小、板型好、带材卷重大等要求；其中芯片要求更高，除要求材料的直流性能外，还要求交流磁导率和环氧灌封前后性能，并且要求较小的应力敏感性，所以其他材料很难代替。

电子磁性器件：如钟表软磁合金、漏电保护开关的磁性铁芯及航空磁性器件（如磁放器、变压器、调制器的铁芯）。

集成电路框架：由于集成电路具有高集成度的特点，所以对金属材料的精度要求很高。

刮脸刀刀片：随着刀片制造工艺的不断现代化，其对原材料的要求越来越高，如厚度偏差要在0.005mm以内，宽度偏差要在0.03mm以内，并且要求表面质量好，另外还对粗糙度及卷重有很高要求。所以一般选用材质为ST12～ST14低碳钢的高精度冷轧带钢作为原材料。

轿车工业：轿车工业使用的高精度冷轧带钢主要用在变速箱调整垫片、离合器膜片弹簧、轿车轴瓦中的铜钢复合钢带、减震器阀片、汽缸垫片、汽车喇叭等部件中。

热交换器复合管：冰箱、汽车等制冷装置上的热交换器管，已经由纯铜管逐步改用低碳钢带镀铜双层卷焊管复合管。每台冰箱、每辆轿车用管1千克每辆运输车辆平均用管6千克，高精度冷轧钢带正是这种管材的主要原材料。

照相机：照相机用钢对带钢的要求很严，尺寸公差通常在0.01mm以内，还要求表面质量好，机械强度特性好，抗拉强度、伸长率和硬度值都要达标。同时为了提高相机的耐腐性，一般采用高精度冷轧不锈带钢。

高精度冷轧带钢品种极多，除以上应用之外，还有装饰复合管用高

精度冷轧带钢，一次性注射针头用高精度冷轧带钢，自行车挡泥板带钢，镍镉电池，扣式电池高精度冷轧带钢，电阻帽用高精度冷轧带钢，冷凝器、蒸发器散热翅片用高精度冷轧带钢，纺织机械针织用高精度冷轧带钢以及机械工具用高精度冷轧带钢等等。

此外，高精度冷轧带钢与传统的热轧复合双金属材料相比，具有高均匀、性能稳定、尺寸公差小、板形好等优点，所以在机电行业中，精密带钢也应用于继电器、温控器中作为高精度热双金属带的材料。

当然，高精度冷轧带钢的生产离不开高精度设备。冷轧采用的轧机种类很多，用于冷轧带钢的轧机有二辊轧机、四辊轧机和多辊轧机。轧制更薄、精度更高的产品则要采用多辊轧机，如六辊轧机、偏八辊轧机、十二辊轧机、二十辊轧机等。

带材的高精度是指带材的尺寸精度和板形质量，即带材的纵向厚度精度和平直度。20世纪60年代至70年代中期，由于液压压下厚度自动控制（HAGC）技术的采用，带材纵向厚度精度得到了明显的提高。但是，由于现代四辊轧机（包括VC、HC、UC、HCW、CVC、UPC、PC等轧辊为简支梁结构的轧机）的支撑辊辊子数量少，支撑辊支点间的距离大，因此产生挠度大。为了进一步增大轧辊的刚度，四辊轧机支撑辊的长度与直径之比值已经接近于1，甚至小于1。因此，带材的横向厚度（或称横截面）和平直度（或称板形）的控制很困难，并且不是随意可以改变某个部位的。

多辊轧机，特别是二十辊轧机，支撑辊数量多，轧制负荷通过辊系的许多支点传给机架（部分钳式轧机除外），因此，轧机辊系的刚度较大。支撑辊的长度与心轴直径比达5.2～30；带钢横向厚度可以用多点调节支撑辊心轴的曲线来控制，调节非常方便、可靠，从而轧制出横向精度非常高的带材。

二十辊轧机

　　电气控制设备采用先进的压下控制、厚度自动控制、同步大电机变频传动控制、机架间张力自动控制等，它们能有效控制冷轧带钢板面质量及厚度；同时随着对板形要求的提高，发展了许多改进板形的技术，如弯辊技术、移辊技术和交叉轧辊技术等，能有效改善板型。这些成套的机械电气设备在计算机系统的控制协调下紧密配合，从而生产出高精度的冷轧带钢产品。

　　总之，高精度冷轧带钢的用途相当广泛，几乎涉及到各个行业，虽然每个行业的用量不大，但是所有规格相加利润相当可观。由于其规格多、尺寸精度高、质量性能要求高，国内现有产量还不能满足需要，有相当一部分还依赖进口。因此，在钢铁行业的"寒冬"时期，我们应尽快发展高精度冷轧带钢这种高附加值、高技术含量的前沿产品，提升冷轧产品档次。

（肖　旭）

冷轧镀锌宽幅板

线材中的极品
——帘线钢

  子午线轮胎所用的帘线钢是飞机、汽车轮胎用关键材料,直径仅为0.2mm左右,细如发丝,在冷拉和绞线合股过程极易断丝,因此,帘线钢对钢材品质(夹杂物、偏析、洁净度等)要求非常苛刻,素有"线材极品"之称。

  称帘线钢是线材中的极品钢种,是因为其化学成分要求非常苛刻,不同炉次或同一炉次的化学成分必须保持均匀,其中碳成分的波动范围要小,钢中有害元素磷、硫必须降到最低限度,非金属夹杂物的数量、种类及大小也必须严格控制,否则会造成盘条的通条性不均匀,在拉拔中易造成断丝。

  近年来,在激烈的市场竞争环境下,国内宝钢、青钢、沙钢等钢厂均加大了研发力度,武钢帘线钢面临巨大的市场压力。武钢通过理论研究、试验开发、自主创新、自主集成,形成了具有完全自主知识产权的武钢帘线钢全套生产技术,在帘线钢生产组织、设备保障、工艺要求、原辅及耐材标准及铸坯质量检查等方面建立了一套完整且严格的质量保证体系。通过一系列攻关措施的实施,武钢帘线钢质量盘条在化学成分、中心碳偏析、夹杂物及钢中钛含量的控制水平、断丝率等质量稳定性方面在"一火成材"工艺条件下处于国内领先水平,帘线钢实物质量达到国际先进水平。

  帘线钢的研发成果已在高速重轨、轴承钢、弹簧钢、硬线钢、齿轮钢等产品上全面推广应用。武钢生产的帘线钢系列产品占国内市场份额的50%以上，用户遍及国内外，包括全球金属制品龙头企业比利时贝卡尔特公司、著名轮胎制造商米其林公司以及江苏兴达、汉川福星、张家港骏马等主要钢帘线生产企业。2010年武钢帘线钢盘条被中国钢铁工业协会评为冶金产品实物质量"金杯奖"及"特优质量奖"。

通过对帘线钢生产工艺技术的系统研究，武钢帘线钢生产工艺技术整体上达到了国际先进水平，这主要反映在：

帘线钢精炼处理（纯净钢的关键工序）

（1）帘线钢铸坯中心碳偏析系数平均1.042（WLX72A）、1.027（WLX82A），帘线钢铸坯中心碳偏析系数控制居国内领先水平。

（2）2009年生产帘线钢用WLX72A及WLX82A盘条22.55万吨，产能位于国际领先水平。

（3）从用户检验和使用情况来看，武钢生产的帘线钢实物质量达到了国际先进水平。

（4）从随机抽取武钢线材的平均实物质量及国内外同类线材力学性能的检验及脱碳层、晶粒度等检验结果来看，武钢生产的帘线钢实物质量水平优于国内同类线材，与具有国际领先水平的进口线材质量相当。

该成果推动了我国冶金行业高洁净、高附加值产品开发的技术进步，摆脱了子午线轮胎用高级别钢帘线依赖进口的局面；支撑了我国轮胎制造行业的升级换代和子午化进程，提高了民族工业的国际竞争力。

（钱高伟）

更轻更强更安全
——汽车板IF钢

　　IF钢，全称Interstitial-Free Steel，即无间隙原子钢，是在超低碳钢中加入适量的钛或铌，使钢中的碳、氮间隙原子完全被固定成碳、氮化物，从而得到无间隙原子的洁净铁素体钢。IF钢的重要用途是制作汽车板，因此也叫作汽车板钢。IF钢的成分和生产工艺特点是超低碳和氮（$40\times10^{-4}\%$以下）和大的冷轧压下率，典型性能特点是无时效和优良的深冲性能。其成型性好，在保证良好塑性和冲压性能的同时，拥有较高的强度，特别适用于形状复杂、表面质量要求特别严格的冲压件，属具有极优深冲性能的第三代冲压用钢。

汽车板

　　IF钢的生产技术水平高，属于高附加值产品。对于IF钢，要获得成品钢材的高延展性以及优良的表面性能，要求钢中碳、氮、氧含量尽可能低。武钢炼钢总厂三分厂通过多年来对转炉、精炼、连铸工艺的不断优化，钢水纯净度不断提高，武钢的IF钢碳、氧和氮的控制水平已经达到了国际先进水平（$20\times10^{-4}\%$以下），各种级别均可批量生产。不但可以生产IF软钢，而且还可以生产强度1000兆帕以上的高强度IF钢。2012年2月2日，武钢炼钢总厂三分厂成功批量生产出高强汽车板用钢，首次

武钢三炼钢外景

武钢三炼钢操作室

实现该项技术的原材料国产化，实物质量达到国内一流水平。

以IF钢为代表的汽车板钢在汽车工业中得到广泛应用。随着能源危机和环境问题的加剧，节能和安全已经成为汽车制造业最重要的出发点。减轻汽车车重，可减少汽车运行阻力，从而达到节能减排、减少污染的效果；在汽车的安全性上，人们认识到整体刚性车身对人体的保护并不好，在发生碰撞时对人体的伤害非常大，而由软性结构保护的具有一个极其刚性的乘员仓的车身对人体的保护更好，在发生碰撞时，车身的软体结构发生扭曲变形吸收能量，进而使乘员仓的减速得到缓冲，乘员得到保护。高强度IF钢以其独有高强度、薄规格和杰出的深冲性能的特点，备受汽车制造业青睐。

汽车更轻更安全是人们一直努力追求的目标，采取高强度钢板能为实现这个目标做出贡献。经过多年研发，武钢已经开发生产出一系列的高强汽车板用钢，使用这些钢板能使汽车减重并提高汽车的安全性。

（袁少江）

钢铁大家族

汽车板的"新外衣"
——M系列钢

　　随着我国汽车工业的发展，小汽车进入全家万户，而制作小汽车"外衣"的原材料——汽车面板一直以来都是我国的短板，长期依赖进口，这种状况一直是我国炼钢人的切肤之痛，满街跑的基本都是外国"布料"做的"衣服"，而我国原来传统的IF钢由于级别比较低，只能做汽车内部零件，相当于我们生产的钢材只能在汽车这件漂亮的外衣上做内衬或是口袋，隐藏其内，羞以见人。近年来，这种情况已彻底被打破，武钢自主开发的M系列钢横空出世，成为国产小汽车新外衣的重要供方之一。

　　M系列钢即汽车面板钢，是IF钢（无间隙原子钢）中的精品，堪称IF钢系列中的明珠。它包含IF钢的所有优点：优异的深冲性能，无实效性，非常高的钢板表面质量，可冲制极薄的制品、零件等；除此之外，它要求极高的洁净度，极高的钢板表面质量以及严格的外形尺寸及精度保证；在化学成分上要求极低的碳含量，非常低的氮含量，一定的钛或

硼或者钛和铌含量。

为了达到这样高要求的化学成分，在冶炼控制上的要求是非常严格的。首先，要求精料冶炼，即在冶炼这个高精尖系列钢种时要求进入转炉的铁水和废钢都是精品，必须使用脱硫铁水且入炉硫必须不大于0.002%，扒渣至零点，除此以外，铁水的温度及硅含量严格符合标准要求。其次，对于转炉过程控制要求相当精细，终点温度和碳的控制严格符合标准要求，一旦某一指标不符合要求，必须采取措施后才能出钢。整个冶炼过程中，要确保转炉烟罩严密、封好炉口，保证炉内气氛，防止钢液从大气中吸入氮气，出钢时防止钢流发散，并且防止下渣。这样做都是基于钢水成分和洁净度考虑的。

这样冶炼出来的钢水只是初级品，要达到M系列钢精品要求，必须经过一个叫做RH的真空处理装置。该装置的主要任务就是深脱碳、脱气，加入相应成分要求的合金以及促进夹杂物上浮。经过这道工序处理过的M系列钢水应该是比较洁净了的。但是这还不算完，在将钢水浇铸成钢坯的连铸阶段，还需要进一步控制，防止暴露在空气中的钢液从大气中吸收氮气，防止钢液从连铸耐火保温材质从吸收碳元素，同时还要促进钢液中的细微夹杂物颗粒上浮，以便得到达到最高等级的钢坯。再将这样的钢坯送至轧钢厂，经过一系列的热装热送、控轧控冷技术后，最终得到适合做汽车外衣的M系列钢。

武钢作为我国汽车板钢的重要生产基地，近几年来年产M系列钢都在40万吨以上，不仅可供我国自主生产的汽车面板用，而且打开了国外市场，供应世界几个知名品牌的汽车生产商用，这是属于武钢人的荣誉，更是中国人的骄傲！

（程　亮）

祖国工业能源的大动脉
——管线钢

我国西部地区的塔里木、柴达木、陕甘宁和四川盆地蕴藏着26万亿立方米的天然气资源，约占全国陆上天然气资源的87%。特别是新疆塔里木盆地，天然气资源量有8万多亿立方米，占全国天然气资源总量的22%。塔里木北部的库车 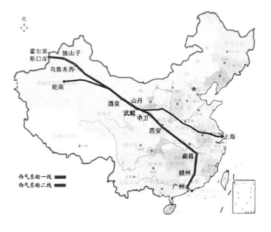 地区的天然气资源量有2万多亿立方米，是塔里木盆地中天然气资源最富集的地区，具有形成世界级大气区的开发潜力。塔里木盆地天然气的发现，使我国成为继俄罗斯、卡塔尔、沙特阿拉伯等国之后的天然气大国。

2000年2月，国务院第一次会议批准启动"西气东输"工程，这是拉开西部大开发序幕的标志性建设工程。规划中的"西气东输"，线路全长约4200公里，投资规模1400多亿元。可你知道吗？担任"西气东输"重任的是"大名鼎鼎"的管线钢。"西气东输"管道直径1016毫米，设计压力为10兆帕，年设计输量120亿立方米，是中国目前距离最长、管径最大、投资最多、输气量最大、施工条件最复杂的天然气管道，对管线钢需求量也同样巨大。而管线钢的成分要求碳含量较低，随着碳含量的降低，钢的焊接性能可得到明显的改善。添加微量的钛，

可抑制焊接影响区韧性的下降，达到改善焊接性能的目的。这其中的难点和重点是高韧性。随着石油、天然气输送的不断发展，对石油管线钢性能的要求不断提高，尤其对韧性提出了更高的要求。这些性能的提高就要求把钢材中杂质元素碳、硫、磷、氧、氮、氢含量降到很低的水平。高

高强度石油管线钢

强度、高韧性是通过控冷技术得到金相组织来保证的，同时应降低钢中碳的含量和尽可能去除钢中的非金属夹杂物，提高钢的纯净度。输送酸性介质时管线钢要抗氢脆，要求氢含量低于0.0002%；对于钢中的夹杂物，最大直径要小于100微米，并要求控制氧化物形状，消除条形硫化物夹杂的影响。因此，管线钢具备冶炼难度大、成材率低这一特点。

随着管道输送压力的不断提高，油气输送钢管也相应地迅速向高级钢方向发展。经过多年研发，武钢已经开发生产出一系列的高端管线用钢。这些钢材的开发和使用，为祖国工业能源大动脉的建设贡献了不可磨灭的力量。

（张利锋　周利刚）

钢铁大家族

钢铁产品中的"工艺品"
——硅钢

何为硅钢

提及钢铁产品，首先浮现在人们脑海中的十有八九会是城市路边建筑工地上的钢筋，或是路上奔驰的小汽车，再或是日常生活中常用的小剪刀、小锤子。但是，你可知道跟我们日常生活息息相关的各种机电设备，小到儿童玩具中的小马达，电冰箱，洗衣机中的压缩机，大到三峡水电站的大型发电机，西电东输电网中的变压器，其核心部分"铁芯"的制造材料就是"大名鼎鼎"的硅钢。那么，硅钢到底是怎样一种神奇的钢铁产品呢？

顾名思义，硅钢因含硅而得名，是指含硅量0.5%～4.8%的铁硅合金，主要用于各种电机、发电机和变压器的铁芯制造。硅钢片按其所

含主要成分，可分为：低碳钢板（含碳不大于0.1%）、无硅电工钢板（含硅不大于0.01%）、低硅钢片（含硅0.5%～2%）、高硅钢片（含硅3.0%～4.5%）；按其主要用途可分为：小型电机用钢（含硅2%以内）、一般电机用钢（含硅2%～3%）、变压器用钢（含硅3.0%～4.5%）、继电器用钢（含硅2%以内）；按其生产方法可分为：热轧硅钢片（其中，含硅1%～2%的称为热轧低硅钢片或热轧电机钢，含硅约3.0%～4.5%的称为热轧高硅钢片或热轧变压器钢）和冷轧硅钢片，冷轧硅钢片又分为冷轧取向硅钢片（含硅约3%）和冷轧无取向硅钢片或冷轧电机钢（含硅约0.5%～3%）。

硅钢——电机、发电机和变压器的心脏

不管是取向硅钢片还是无取向硅钢片，它们都具有一个相同的功能——导磁性，就像水管用来通水，电线用来通电，硅钢片的作用就是导磁；但它又不同于我们常见的磁铁，通电与不通电，磁性都在那里。硅钢同工业纯铁一样是一种软磁材料，即磁性是当缠绕在钢片外面的电

无取向中低牌号硅钢所用领域

线线圈通电时才有,断电后磁性即消失。因硅钢有比工业纯铁更高的磁感和更低的铁损,现已基本取代了工业纯铁。

硅钢作为各种电机、发电机和变压器的铁芯材料,在这些电机、发电机和变压器中的作用犹如人的心脏对人一样重要。硅钢在导磁的过程中,将电能转化为磁能,再将磁能转化为机械能、热能等能量,使各种电机、发电机和变压器运作起来。

无取向高牌号硅钢用于大型发电机组

无取向高牌号硅钢用于航天工程

取向硅钢用于大型变压器

硅钢——钢铁产品中的"工艺品"的形成

硅钢因其生产工艺复杂,制造技术严格,从转炉炼钢到最后的退火涂层,国外的生产技术都以专利形式加以保护,视为企业的生命。硅钢生产的多道工序,需要严格的工艺控制,有其他钢材无法比拟的技术含量,就像工艺品生产加工过程,需要工匠精心雕琢,所以硅钢被称作钢铁产品中的"工艺品"，还有人称赞硅钢为"钢铁皇冠上璀璨的明珠"。这些，并非溢美之词。那么这种"工艺品"是怎么制作而来的呢？

现今我们最常用的各种硅钢片的主要生产工艺流程如下：

一般取向硅钢片：转炉炼钢→真空处理→连铸→热轧→酸洗→第一次冷轧→中间退火→第二次冷轧→脱碳退火涂氧化镁→高温退火→拉伸退火涂绝缘层→剪切→包装。

高磁感取向硅钢片：转炉炼钢→真空处理→连铸→热轧→常化酸洗→冷轧→脱碳退火涂氧化镁→高温退火→拉伸退火涂绝缘层→剪切→包装。

低牌号无取向硅钢片：转炉炼钢→真空处理→连铸→热轧→酸洗→冷轧→最终退火及涂绝缘层→剪切→包装。

高牌号无取向硅钢片（即HiB钢）：转炉炼钢→真空处理→连铸→热轧→常化酸洗→冷轧（→中间退火→第二次冷轧）→最终退火及涂绝缘层→检验→剪切→包装。

如果说，一般钢铁是经过"千锤百炼"而来，硅钢的到来可以是经过了"精雕细琢"。它除了有"铁骨铮铮"和"刚正不阿"的特性，还具有"工艺品"的艺术性。正因为它这些高贵的特征，硅钢产品比一般钢铁产品价格要昂贵些。

武钢冷轧硅钢片

我国硅钢的明天

我国硅钢生产起步比较晚，解放以后才陆续建立轧机，为了改变我国冷轧硅钢片生产的落后面貌，武钢20世纪70年代从日本新日铁引进了年产7万吨冷轧硅钢片的成套设备及其有关技术秘密，武钢硅钢片厂及其前工序的顺利投产，使我国冷轧硅钢片的生产技术，在短期内迅速赶上世界最先进的技术水平的道路上前进了一大步。到了"十一五"期间，我国硅钢产业无论从产量、品种、质量等方面都取得了重大进步，

武钢硅钢用于北京正负电子对撞机工程

特别是武钢、宝钢、太钢、鞍钢等国有大型钢铁企业在取向钢、无取向钢等高端品种领域取得了重大突破。与此同时，一大批民营企业也在无取向硅钢中、低牌号的产量上取得大幅度增长。

近年来，因为产能迅速扩张，供求天平不断倾斜，受产能、产量大幅增加影响，硅钢产能2012年出现严重过剩，同质化竞争导致从2012年年初至年底，硅钢价格一直处在阴跌状态下。

昔日王谢堂前燕，飞入寻常百姓家。伴随着硅钢身价的不断下滑，相信硅钢的应用必将有一个快速的发展，并将在国民经济发展过程中扮演越来越重要的角色！

（彭　冰　石文敏　涂慧英）

世界最大水电站——三峡电站

建筑"奇材"
——钢结构

　　人类大量应用钢铁作为建筑材料始于18世纪欧洲工业革命蓬勃发展时期，在此之前，作为世界奇迹的埃及金字塔高度164.5米，这已是人类所能建造的最高建筑物。受益于钢铁材料广泛使用的工业革命，也将钢铁全方位地展现在了世人面前，不但将人类从繁重的体力劳动中解放出来，更是带给人类一座又一座构思精巧、直耸云霄的琼楼玉宇。

　　时至今日，全世界摩天大楼数以百计，像北京奥运主会场鸟巢、中国新央视大楼更是以其独特复杂的设计构造令人叹为观止，建造这些超高层的庞然大物及复杂构造建筑物所使用的钢材又有哪些特异之处呢？首先，作为建筑最重要的负载支撑建筑钢必须具备较高的强度，以承受建筑物庞大的自重，例如鸟巢使用的钢材屈服强度就超过了460兆帕，是普通建筑钢材的两倍以上。除此之外，建筑钢还须具有低屈强比、窄屈服点、抗层状撕裂和良好的焊接性等特点，这些都是建筑用钢必须具备的基本性能。

　　低屈强比的设计思路来源于钢铁材料的一个基本特性：钢材随着外力的不断作用，先发生弹性形变直至塑性形变出现，此时外力不增加而钢材继续变形，外力强度即是钢材的屈服强度。钢材发生塑性变形后并不会马上断裂，而是需要继续增加外力使得钢材继续变形直至断裂，断裂时的外力强度即为抗拉强度。屈强比很好地反映了钢材从开始塑性变形到最终断裂的安全余量。屈强比越低，在发生震动，特别是地震时，

支撑建筑物主体结构的钢材内部产生的应力集中会使构件能在很宽的范围内产生塑性变形，钢材被拉长而不至于瞬间断裂，在此过程中钢材吸收非常多的地震能，能有效减轻建筑物毁坏的程度，增加了逃生的机会。反之，若钢的屈强比较高，震动时就会产生局部应力集中和局部大变形，结构只能吸收较少的能量。

近年来，我国地震频发，房屋坍塌，人员被埋，造成了大量的损失。但是细心的人也会从电视画面上发现，坍塌的房屋大多是城镇乡村的砖瓦结构的房子，混凝土结构的公寓楼则坍塌得较少，采用抗震钢建造的医院、学校甚至在7级以上的大地震中屹立不倒，这些都是抗震结构钢低屈强比的神奇特性创造的奇迹。

窄屈服点的设计思路主要用来控制建筑用钢的屈服强度波动范围，通常仅有120兆帕。钢结构建筑的构造用材完全按照设计师的工程计算匹配各承力构件，整个钢结构建筑是一个整体，此时整个钢构的塑性变形能力很高。而当制作承力构件的钢材屈服强度有较大波动时，框架构件材料之间的屈服强度的匹配就与设计要求值不符，就会产生局部脆性破坏、影响建筑安全的隐患。

随着人们对建筑安全的要求越来越高，良好的耐火性能和防震性能

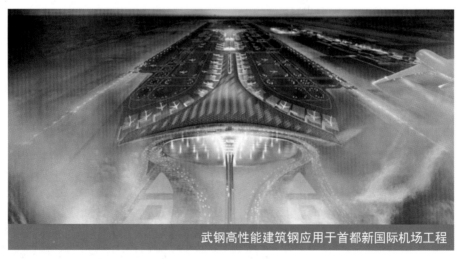

武钢高性能建筑钢应用于首都新国际机场工程

武钢高性能建筑钢应用于中央电视台工程

武钢高性能建筑钢应用于北京电视中心工程

钢铁大家族

也日渐成为建筑用钢所需要具备的功能特性。

在钢结构建筑物中安装抗震装置，借助于防震装置提高建筑物的抗震性能，是目前普通采用的方法。将超低屈服强度的钢作为一种减震器安装在建筑物中，在地震时减震器要先屈服，建筑物的主要构件如梁和柱后屈服，这样就可以吸收大量的地震能，充分发挥减震器的减震效果。武钢近年研发的LY160建筑阻尼器用钢即是这一设计思路的体现，钢材屈服强度低至150兆帕、屈强比为0.53、延伸率达85%。这种技术的核心就是利用屈服强度足够低的钢制作建筑减震器，钢材在服役过程中，首先屈服吸收大量的能量且不易断裂，从而减轻地震对建筑主要构件的破坏。

除地震外，高层建筑一旦发生火灾，将可能造成巨大的人员伤害和财产损失，因此高层建筑的耐火设计要求也越来越高。在发生火灾时，高温使得钢材的强度迅速降低，不能保持建筑结构所要求的强度，为此在许多建筑物的耐火设计中，都通常采用防火涂层，以保护钢结构，但

这种方法成本较高。耐火建筑中的柱和梁等主要结构设计成耐火结构可以很好地解决这一难题，国内外已开发出390～490兆帕的一般耐火钢、耐候耐火钢系列，其中武钢研制生产并应用于国家大剧院的WGJ510C2耐火耐候建筑钢在600℃的高温下屈服强度不低于室温屈服强度的2/3，耐大气腐蚀性能为普通建筑钢Q345的2～8倍。

当今世界，钢结构已经成为世界发达国家的主导住宅结构，已经从工业化专用体系走向了大规模通用体系，逐步形成了以标准化、系列化、通用化建筑构配件、建筑部品为中心，组织专业化、社会化生产和商品化供应的住宅产业现代化模式。以日本为例，其是仅次于美国在高层建筑中采用钢结构最多的国家，自1963年日本取消在地震区建筑高度不超过31m的限制后，在东京、大阪等地陆续兴建了大量的钢结构高层建筑，房屋钢结构钢材年消费量大体维持在700万吨左右，约占全国钢材总消费量的11%。在建筑钢材上的大量投入极大减轻了日本这个地震多发国家因为地震导致的人员伤亡和经济损失。

随着我国人们生活水平的提高，造价较高的建筑钢因为具备诸多优点，特别是对安全性的极大保障，使其逐步从大工程建筑走进普通民用住宅结构，它也将为保障人民群众的生命安全及财产做出越来越大的贡献。

■ 武钢高性能建筑钢应用于国家体育馆——鸟巢工程

（梅荣利）

从司南到神舟十号
——磁性材料无处不在

"磁者，石也，可以引鍼"（鍼，即针），这是东汉《说文解字》中对磁的解释，和我们现代对磁的定义（磁性是物质能吸引铁、镍等金属的性质）相差不远。早在5000多年前，勤劳的古代中国人民就有了关于天然磁石的记载。2300年前，利用磁石制作的司南，就出现在了历史文献记载中。作为世界上最早的指南仪，司南标志着我国古代关于磁性材料的应用的开始。而西方社会直到15世纪，指南针才开始广泛应用于航海。

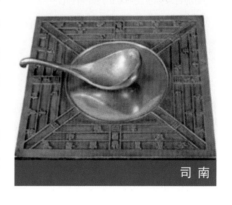

司南

时间发展到近代，随着科学技术水平的不断发展，人们对磁性的认识进一步深化，关于磁性材料的理论基础和应用也越来越深入。1820年丹麦的奥斯特发现了电流可以产生磁场。1831年，英国的法拉第发现了电磁感应定律。还有麦克斯韦、居里、郎之万等等无数科学家们为我们展现了磁性材料应用的广阔前景。

时至今日，磁性材料已经成为了国民经济发展的重要支柱。磁性材料是汽车、计算机、信息网络、航空、电器制造、通讯、建筑等诸多领域的物质基础。在传统工业中，变压器、磁悬浮列车、玩具、电声器件、马达、家电等等很多方面都离不开磁性材料的部件。在生物医学

上，利用核磁共振成像可以诊断人体异常组织，判断疾病。利用磁性纳米材料表面的功能基团与可识别病兆的功能分子进行耦联，是实现磁性纳米晶体在疾病鉴别诊断中应用的最可行的手段之一，这也是目前医学界的前沿课题之一。在军事领域，大家所熟知的美军隐形战斗机F-117，它所用的隐身材料就是共振磁性雷达吸波材料。另外新型武器电磁炮，利用螺旋管的磁场产生的巨大推动力将炮弹发射出去。这些都离不开磁性材料的功劳。数月之前升空的神舟十号飞船，里面更是用上了国产的钐钴磁钢等等磁性材料，这也体现出我国国力的强盛。除此之外，磁性材料在各个方面，大到地球磁场，小到纳米级别，都有着广泛的应用。这里我们要补充一点，磁性是物质的一种基本属性。从理论上讲任何物质都具有或强或弱的磁性，这其中也包括人体本身。通常来说把磁性强的物质称为磁性材料。

磁性材料是一个大家族，成员众多，主要有永磁材料、软磁材料、磁信息材料、微波磁性材料等4类，除此之外，还有磁致伸缩材料、磁光材料、磁电阻材料、磁致冷材料和多功能材料。

上述各类磁性材料中基本上都用到铁氧体。铁氧体就是由铁的氧化物及其他配料烧结而成的具有磁性的金属氧化物。一般可以分为永磁铁氧体、软磁铁氧体和旋磁铁氧体三种。

永磁铁氧体又叫做铁氧体磁钢，平时我们见到的黑色小磁铁都属于这一类，其主要原料有氧化铁、碳酸锶或者碳酸钡等等。这种材料充磁后，残留磁场的强度高、磁性不容易消失。永久的磁铁材料一般都是采用这种材料。

软磁铁氧体则是由三氧化二铁和一种或者几种金属氧化物配置烧结而成的。这种材料在磁场消失之后，残留磁性非常小或者没有。一般用来制作变压器的铁芯或马达等。

还有一种是旋磁铁氧体，即具有旋磁特性铁氧体材料。这种材料主要应用于微波通信领域。

　　永磁铁氧体是钢铁企业的副产品之一。随着电子化时代的到来，工业自动化和办公家居设施的快捷舒适化，铁氧体永磁材料的使用越来越广泛，如用于玩具、电声器件、马达等，永磁电机作为电磁转换动力源和控制系统传感器，是非常重要的零部件之一。汽车电子行业是磁性材料巨大的潜在市场，铁氧体烧结磁体的产量年年保持百分之几的增长（除2008年下半年世界金融危机外）。永磁体性能对永磁电机的性能、体积有很大的影响。用作永磁电机的磁体，一般要求有高的磁性能，从而产生较大的气隙磁场，磁性能稳定性好，温度系数小，有较高的工作温度，以防止高温下退磁，有较好的力学性能和较低廉的价格。随着汽车电机向轻量、小型、高效率化方向发展，要求磁体厚度越来越薄，这对综合磁性能提出了更高的要求。新一代绿色汽车电子产品（主要指那些能提高效率的动力控制产品）极大地依赖于电机技术，而高档永磁铁氧体是电机的核心技术，故大力发展永磁铁氧体材料制备技术，有助于整机产品升级，也是未来高新技术发展的方向。在未来的生活中，将会有更多有用的磁性材料与大家见面。

神州十号

（陈逢源）

钢铁大家族

百米钢轨"武钢制造"

　　铁路是人类发明的首项公共交通工具，在19世纪初期便在英国出现。高速铁路是一种营运速度较普通铁路更快的铁路运输方式，新建高速铁路的设计速度一般要达到250公里/小时以上。随着现代铁路向高速重型化方向发展，对钢轨质量和长度都提出了更高要求。

　　目前，钢轨生产制造的普通长度为50米，作为高速铁路的钢轨长度则是特制的100米。攀钢是最早完成百米钢轨生产工艺改造的钢厂，于2006年6月份完成了工艺改造。包钢、鞍钢等紧随其后，分别生产制造出了百米钢轨，并成功投入使用。

　　根据国家铁路发展规划和铁道部要求，武钢抢抓市场机遇，在2006年获国家批准后，对条材总厂原有重轨生产线的装备进行全面技术改造，并于2008年建成投产具有世界一流水平的重轨生产线，实现了百米钢轨"武钢制造"的梦想。条材总厂百米钢轨生产线在坚守国内高速重轨和普通重轨市场的同时，积极外联研销拓市场，与营销总公司、研究院研发重轨新产品，加快武钢重轨产品"走出去"战略，在国内和国际市场上寻求商机。截至2013年5月底，重轨产量是2012年同期的3倍多，创该品种产量及效益的历史新高。这是该生产线持续开展重轨产品

■ 百米重轨吊装现场

精益化管理和标准化作业，有针对性推进质量攻关，充分发挥公司产销研协同机制拓展市场取得的好成绩。

2013年以来，受国内高铁建设加快建设进度的利好刺激，武钢高速重轨道生产线开足马力生产效益品种百米重轨。条材总厂贴近市场需求，针对新铁标的质量标准及要求，发挥产销研协同机制，开发出新廓形（60N）重轨，受到用户好评。

为确保钢轨质量产量的提升，该生产线一是开展技术工艺优化，攻克重轨局部"高点"难题，使重轨产能得到有效释放；二是实施低成本制造技术，精心组织重轨"热装热送"工艺改进，进一步降低工序成本，使重轨吨钢成本大幅降低；三是积极与设备维修总厂联手强化设备维护及管理，以创轨梁线设备"零事故"生产线为目标，确保生产稳定顺行。此外，条材总厂持续推进精益管理和标准化作业，加强岗位人员的操作技能培训，使百米重轨挑出率等指标得到持续提高，确保了百米重轨合同的及时兑现。

热锯锯切头尾

该生产线主要设备包括2座步进式加热炉、2架开坯机、3架万能轧机、2台高压水除磷机、1架热打印机、1台步进式冷床、复

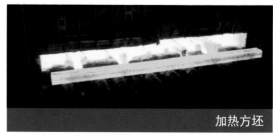

加热方坯

合式钢轨矫直装置、检测设备、钢轨联合锯钻机床等。

百米重轨生产的主要控制技术包括步进式加热技术均匀加热连铸方坯，蓄热式燃烧技术减少表面脱碳，多级高压水除鳞减少钢轨表面氧化铁皮，万能轧制技术BD1-BD2-UR-ED-UF保证钢轨断面几何尺寸（工艺控制系统TCS、液压控制HPC、自动辊缝控制AGC等），还有钢轨热打印技术、反向预弯技术、西马克钢轨平立复合矫直技术、NDT在线长尺检测技术等。

武钢钢轨万能轧机生产线的大力发展，使钢轨成为武钢继硅钢、热轧板之后又一拳头产品，给武钢带来了良好的经济效益和社会效益，也满足了现代化高速铁路用户对钢轨质量不断提高的要求，提升了我国钢轨和型钢生产技术水平，为方兴未艾的高速铁路建设提供大量优质材料。

万能轧机生产线

（何　斌）

神奇的吊车组合

　　百米钢轨虽然"身材修长"、"亭亭玉立"，但是要移动"她"——下线吊运及装车吊运，可不是一件容易的事情。弄不好，不仅"毁了容、破了相"，而且前面所有的工作都将付之东流。为了保质保量完成这项光荣而艰巨的任务，一对神奇的吊车组合"临危受命"，承担了百米钢轨的吊运重任。

　　神奇的吊车组合，之所以"神奇"，是因为两台吊车长得像孪生兄弟，外形一模一样，承载能力也一样，不仅可以单独运行，而且配合起来也是非常的默契。它们精准的大、小车运行同步，精准的卷扬起降同步，来精确地完成百米钢轨下线入库、装车外发。

　　百米钢轨吊运因作业效率及装车的要求，分为5支吊运、6支吊运和7支吊运，吊运过程中对大车、小车、卷扬、给去磁的同步联动作业要求非常严格，任何一个机构一旦不同步都有可能使吸在电磁铁上的钢轨脱落，脱落的钢轨摔伤直接报废，而且高空坠物对地面设备及人员也会造成安全威胁。只需一人操控，庞大的两台吊车就可以实现百米钢轨的吊

百米天车吊装百米重轨

运作业。操作人员在任何一台吊车上发出"两车同步"指令，两台吊车就可以同步运行。在此之后，操作人员的任何操作指令，主车接收指令后，在做出相应动作的同时，也将同样的指令通过无线传输发送到从车上的接收系统，从车接收指令后也做出同样的动作，两车的同步运行一模一样，达到了整齐划一的水平。

操作室内设有人机界面显示屏。操作人员可以在显示屏上精确看到各机构的运行位置及所处的状态。由于两车纵向长度超过100米，操作人员在司机室内会存在视觉误差和视觉盲区。显示屏可以很好地弥补操作人员的视觉误差和视觉盲区，同时可以了解各机构的运行状态是否良好。运行机构可以实现"无级变速"，运转平稳精确。两台吊车的大车、小车、卷扬机构全部采用变频控制，换挡速度过渡平稳，降低运行过程的变速对吊运的冲击。

吊车操作具有"自学习"功能。当两台吊车大、小车、卷扬位置不一致时，对主车控制发出"同步协调指令"，启动吊车同步，在运行过程中两台吊车会自动调整距离，向同步要求的指标"你追我赶"，在很短的时间内，各机构自动调整位置一致，同步运行。正是因为有了"神奇"的吊车组合的精心呵护，才保证了百米钢轨在下线入库、装车外发过程中毫发无损，英姿飒爽。

百米天车

（张新华）

列车行驶的保护神
——超声波探伤

随着列车运行速度向高速化方向发展，铁路对钢轨质量提出了更高的要求。钢轨内部存在夹杂、气孔等缺陷时，在高速列车的作用下，可能出现断裂、缺肉等现象，极易造成重大事故。采用超声波探伤能够准确地找出这些缺陷，确保列车行驶安全。

超声波探伤是利用超声能透入金属材料的深处，并由一截面进入另一截面时，在界面边缘发生反射的特点来检查零件缺陷的一种方法，当超声波束自零件表面由探头通至金属内部，遇到缺陷与零件底面时，就分别发生反射波，在荧光屏上形成脉冲波形，根据这些脉冲波形来判断缺陷位置和大小。

超声波在介质中传播时有多种波型，检验中最常用的为纵波、横波、表面波和板波。用纵波可探测金属铸锭、坯料、中厚板、大型锻件和形状比较简单的制件中所存在的夹杂物、裂缝、缩管、白点、分层等缺陷；用横波可探测管材中的周向和轴向裂缝、划伤、焊缝中的气孔、夹渣、裂缝、未焊透等缺陷；用表面波可探测形状简单的制件上的表面缺陷；用板波可探测薄板中的缺陷。

超声波是无损检测的一种方法。常用的探伤方法有：接触法、液浸法、反射法和穿透法，广泛应用于锅炉、高压容器、船舶、航空、航天、铁路、桥梁建筑、化工机械、冶金等非破坏性的检测。它具有灵敏度高、穿透力强、探伤灵活、仪器轻便、效益高、成本低、对人体无害等优点。

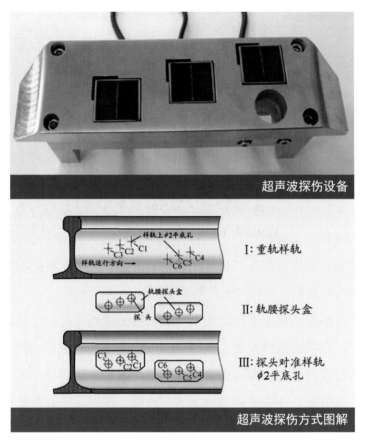

超声波探伤设备

I：重轨样轨

II：轨腰探头盒

III：探头对准样轨
ϕ2平底孔

超声波探伤方式图解

目前武钢股份条材总厂生产的高速重轨包括时速160公里/小时、250公里/小时、350公里/小时，每一支钢轨出厂之前均需要经过超声波探伤。武钢重轨质量检测所采用的就是超声波探伤，探伤设备由13个探头组成，分别对钢轨的轨头、轨腰、轨底进行探伤，利用它能够及时发现缺陷的位置，通过对缺陷部位进行检验分析，可以找出造成探伤缺陷的原因，对前工序提高重轨实物质量具有极强的指导性，同时通过重轨探伤检测，可以保证重轨出厂质量，为高速列车的安全行驶提供了保障。

（杨文清 李 婷）

钢铁的
朋友们

GANGTIE DE
PENGYOUMEN

鲜为人知的"金属铜大夫"

铜是人类发现最早的金属之一。在湖北省黄石市，于1973年发现的铜绿山古铜矿遗址，是迄今为止我国发掘出土的历史最悠久、规模最大、开采时间最长、保存最完好的古铜矿遗址，距今已经有3000多年的历史。铜绿山古铜矿遗址的发现和发掘，初步回答了中国青铜时代铜是怎样开采、冶炼这一重要历史课题，为研究中国矿冶技术发展史提供了一批珍贵的实物资料。它有力地说明，中国古代采冶技术有一套独立发展的体系，打破了"中国青铜来自西方"的传统观念。铜绿山古铜矿遗址的发现，震惊了世界考古界。英国、德国、日本、瑞典、澳大利亚等国的考古学者蜂拥而至，赞叹不已："这是一个了不起的古迹！可与中国的长城、埃及的金字塔相媲美。"

铜是与人类关系非常密切的有色金属，也是人类最早使用的金属。早在史前时代，人们就开始采掘露天铜矿，并用获取的铜制造武器、饰具和其他器皿，铜的使用对早期人类文明的进步影响深远。目前，铜被

广泛地应用于电气、轻工、机械制造、建筑工业、国防工业等领域，在中国有色金属材料的消费中仅次于铝。铜是钢铁和铝等合金中的重要添加元素。少量铜加入低合金结构用钢中，可以提高钢的强度及耐大气和海洋腐蚀性能。在耐蚀铸铁和不锈钢中加入铜，可以进一步提高它们的耐蚀性。含铜30%左右的高镍合金是著名的高强度耐蚀"蒙乃尔合金"，在核工业中广泛使用。

铜与人体健康息息相关。铜在人体内含量约100～150毫克，是人体中含量位居第二的微量元素，对于血液、中枢神经和免疫系统，头发、皮肤和骨骼组织以及脑干和肝、心等内脏的发育和功能有重要影响。铜主要从日常饮食中摄入。世界卫生组织建议，为了维持健康，成人每公斤体重每天应摄入0.03毫克铜，孕妇和婴幼儿应加倍。人体如果缺铜，就会引起贫血、关节炎和骨科疾病。人体缺铜可适量增加摄入含铜较高的食物，如核桃、腰果、鱼、虾、蟹、玉米、豆制品等，缺铜严重的应通过服用含铜补剂和药丸来加以补充。

鲜为人知的是，金属铜还是"医道高明"的"大夫"，能给人治病呢！利用铜治病，在祖国医学典籍中早有记载。李时珍著的《本草纲目》中写道："铜匙柄，主治风眼赤烂，及风热赤眼翳膜，烧热烙之，频用妙。"明代名医李中梓的《医宗必读》书中也有"铜青，味辛酸无毒，女科理血气之痛，眼科主风热之痛，内科吐风痰之聚，外科止金疮之血，杀血有效，痔症亦宜"的记载。在我国民间秘方中，有一个治疗关节炎的土办法，即戴上一只铜镯子，炎症和疼痛就会减轻，这是由于铜离子溶解在汗液里，穿过皮肤参与了细胞和血液的某些化学反应，从而起到解疼治病的作用。在日常生活中多用一些如铜勺、铜壶等铜器餐具来补充一些人体中的铜离子，对某些疾病有一定的预防和疗效。

前不久，国外医学界传出一件新闻：把铜夹片加热后，夹在感冒患者的鼻翼上，使鼻黏膜干燥，感冒可不治而愈。另外，如果铜夹片不加热，只需把它和鼻翼紧紧夹在一起24小时左右，治疗感冒的效果也较好，这种铜夹片，已在联邦德国纽伦堡展览会上作为医疗新产品正式展出。无独有偶，最近国内医学界也传出一件新闻：中国医学发明家刘同庆、刘同乐研究发现，铜元素具有极强的抗癌功能，并成功研制出相应的抗癌药物"克癌7851"，在临床上获得成功。这两则新闻表明，人类对"金属铜大夫"的"医术"不可小觑。更令人敬佩的是，"铜大夫"不仅能治疗人类疾病，还能治疗钢铁的"疾病"。大家知道，普通钢在一些使用环境下，会受到大气、海水等的腐蚀而生锈，影响钢材质量。英国人发现在钢中添加少量铜能提高结构钢的抗蚀能力，还可使钢中碳含量进一步降低，改善钢的焊接性能，人们将这类钢称为耐候钢。相信不久的将来，"金属铜大夫"将为提高人类生产及生活水平做出巨大贡献。

（李国甫）

钢铁的朋友们

铬的"庐山真面目"

自2006年7月1日起，欧盟规定了电子电气设备中限制使用某些有害物质的RoHS指令，RoHS是《电气、电子设备中限制使用某些有害物质指令》（The Restriction of the Use of Certain Hazardous Substances in Electrical and Electronic Equipment）的英文缩写，即含镉（Cd）、铅（Pb）、汞（Hg）、铬（Cr^{6+}）等四种重金属，以及多溴苯（PBB）、多溴苯二醚（PBDE）作为阻燃剂的电子电气产品不允许进入欧盟市场。RoHS针对所有生产过程中以及原材料中可能含有上述六种有害物质的电气电子产品，主要包括：

白家电，如电冰箱、洗衣机、微波炉、空调、吸尘器、热水器等；

黑家电，如音频、视频产品、DVD、CD、电视接收机、IT产品、数码产品、通信产品、电动工具、电动电子玩具、医疗电气设备等。

因此，各家电和电器行业纷纷对钢板材中的有害元素含量的控制指标提出了严格要求，见下表。

钢板材中有害元素的控制指标（1ppm相当于10^{-6}）

铅	铬（Ⅵ）	汞	镉	多溴联苯	多溴二苯醚
≤1000ppm	≤1000ppm	≤1000ppm	≤100ppm	≤1000ppm	≤1000ppm

而铬元素作为不锈钢中最基本的合金元素，其含量一般均在12%～30%，不锈钢不易生锈，也主要是因为铬元素的作用。这主要体现在两个方面：一方面，铬与铁形成连续固溶体，缩小了奥氏体相区域，提高了钢基体的电极电势，从而提高了钢的抗电化学腐蚀能力。实验研究表明，当Cr含量达到一个定值时，即1/8原子（1/8，2/8，

3/8……）时，电极电位将有一个突变。因此，几乎所有的不锈钢中Cr含量均在12.5%（原子）以上，即11.7%（质量分数）以上。另一方面，Cr元素的加入，在钢的表面形成了一层稳定的、完整的与钢基体结合紧密的Cr_2O_3钝化膜，从而提高了钢的耐大气腐蚀性。这个钝化的氧化膜极薄，透过它可以看到钢表面的自然光泽，并且如果损坏了表层，所暴露出的钢表面会和大气进行反应自我修复，重新形成钝化膜。

不锈钢中的Cr含量如此之高，按照RoHS指令的要求，是否会有人形成新的误解，即不锈钢是剧毒的呢？其实，你大可不必慌张，下面我为你娓娓道来。一方面，和Fe原子构成固溶体的是Cr原子，未失去或得到任何电子，不带有价态；另一方面，不锈钢表层形成的是Cr_2O_3钝化膜，Cr元素以Cr^{3+}的形式存在。科学研究表明，铬对人体的危害主要是由Cr^{6+}化合物所致。可溶性六价铬氧化物的水溶液——铬醇和铬醇盐的毒性较大，并具有刺激性和腐蚀性。六价铬可经皮肤吸收，在体内可影响氧化、还原和水解过程，过多的铬可使蛋白质变性、核酸和核蛋白沉淀、酶系统受

铬矿石

铬铅矿

铬铁合金

干扰。动物实验证明，铬酸铅、铬酸锌、重铬酸钠等有致癌性。由此可见，不锈钢中Cr元素基本上是对人体无害的。

可能让你更吃惊的是，铬却还是人体必需微量元素，并且只有三价铬才具有生物活性，而且在生物体中三价铬不能氧化成六价铬。铬在人体内的含量约2毫克，人体对铬的需要量约为50微克/天。三价铬是糖和脂肪代谢以及维持胰岛素发挥正常功能的关键元素，人类机体缺铬会引起糖脂肪代谢异常，引发糖尿病和动脉粥样硬化；另外，三价铬对心血管疾病有抑制作用，铬缺乏可引起脂肪代谢异常，使血清胆固醇升高，主动脉的脂质沉积和斑块形成增加；还有，三价铬在人体胸腺、肾上腺、甲状腺、脑垂体等腺体中含量很高，调节着体内多方面生理代谢，调动着内分泌系统，生化反应极其复杂。三价铬浓集在细胞核中，与去氧核糖核酸DNA结合，并增加启动位点数目，从而增加核糖核酸RNA合成，具有明显提高蛋白质合成的作用。故对肿瘤破坏的组织修复、再生有良好促进作用。

看了这些，你还对Cr存在本能的偏见吗？

（赵在群　向　前）

"超凡脱俗"的金属——钒

　　纯钒是一种银灰色的金属，熔点1902℃，由于钒具有良好的延展性，可以拉成很细的丝和极薄的钒铂，且对空气、稀硫酸、盐酸和碱溶液具有良好的抗蚀性，因此用途很广。

　　钒是合金钢的重要添加元素，只要在钢中加入少量钒即能细化钢的晶粒，改善钢的品质，提高钢的强度和硬度，故钒又称为合金钢中的"维生素"。武钢在炼钢中为提高桥梁钢、钢轨和船板的强度和耐冲击力，常加入少量钒以取代钛元素，以免因温度掌握不准而造成质量上的波动，特别是为第二汽车制造厂生产的冷轧板，为了便于加工成汽车的外壳，特意在合金钢中加入少量的钒，提高它的韧性和延展性，以便适应汽车外壳加工成弧形板的需要。

　　汽车大王福特将含钒的合金钢用在自己生产的汽车上，不仅减轻了

重量，而且改善了曲轴、齿轮轴、弹簧的强度和弹性，因而使它具有良好的越野性能。

武钢学习国外经验，目前正在进一步研究，如何将钒加入制造汽车轴的合金钢中去，以增加曲轴和齿轮轴的强度和弹性。

钒在军事上还大有用武之地。在第一次世界大战中，一架法国飞机装上了一门用钒钢制造的野战炮，由于性能优异，从空中向地面射击，其威力强大无比，吓得德军丧魂落魄。钒钢用来制造装甲车，不但轻便灵活，还可防御敌方机枪的攻击。武钢还将继续进一步研究加入钒炼出用于军事上性能优异的合金钢，以制造先进的武器装备。

在高速钢中加入钒，能提高耐磨性和红硬性（受热不软化），用来做车刀、铣刀、刨刀和各种专用工具，可延长使用寿命，提高生产效率，是理想的刀具材料。此外，钒钢还可用于超导材料和快中子反应堆的释热材料等尖端科学领域。

总之，钒是一种用途广、性能优异的金属。现已探明我国攀枝花矿储藏的钒钛磁铁矿含钒量约占45%，居世界首位。钒钛磁铁矿的分选和冶炼在世界上被认为是难以攻破的瓶颈。攀钢的科研、工程技术人员通过反复的科学试验和攻关，已经摸索到了普通大型高炉冶炼钒钛磁铁矿的特殊规律，不仅使我国从钒的进口国一跃而成为钒的出口国，而且为国家创造了巨大的经济效益。

（米文权）

堪与白金媲美的材料——钛

钛在自然界中分布极广，已发现含钛的矿物就有80多种，其蕴藏量仅次于铁、铝，故有"第三金属"之称。

在我国四川攀枝花市，有一个世界闻名的钒钛磁铁共生矿，现已探明，其中钛的蕴藏量占全世界钛矿总量的1/4。随着我国提炼技术的不断进步和完善，其丰富的钛资源将为我国宇航工业的飞速发展做出巨大的贡献。

钛有许多优良的特性：一是比重小、强度高，它的重量比同样体积的钢铁轻一半，但却像超级强度的钢那样能够经得起锤击和拉伸；二是耐高温，在高温的冶炼炉中，铁被熔化成了铁水，钛却安然无恙；三是耐低温性能好，在超低温的环境里，钢铁会变脆，钛却比平时更坚强，还能把自己的电阻降到几乎为零，成为节能高手；四是耐腐蚀，在酸、碱等腐蚀液中，各种金属都被腐蚀得"百孔千疮"，钛却丝毫未损，故可与贵金属白金媲美。

由于钛有以上优良的特性，武钢在生产中为了提高钢的强度和韧性，以满足不同客户要求，如钢轨、桥梁钢、压力容器钢、建筑钢材以及汽车钢板等，常常在炼钢中加入千分之二以下的钛元素，便可以使钢中的碳和氮生成细小的碳化和氮化物，均匀地分布于钢中，并显著地提高钢的强度和韧性。而武钢生产的低合金钢，当与控制轧制和余热处理

等工艺相结合后，就可使钢的强度比普通碳素钢提高2至3倍，使1吨低合金钢能顶2吨左右的普碳钢用，这样不仅提高了钢的性能，而且降低了成本。

武钢板材十分青睐钛元素，而钛金属也特别为生产武钢的薄板给力。

由于钛的提炼技术和加工工艺的不断进步和完善，目前已广泛用于航空航天领域。如今飞机飞行速度越来越快，传统的铝合金已无法胜任，而用钛金属制造的超音速飞机，既结实又轻快。在最新式的喷气发动机中，钛合金使用量已占全部重量的18%左右。由于钛合金在长期受热的状态下强度不会下降，不久前我国发射的"神州九号"载人宇宙飞船与"天宫一号"交会对接成功，其飞船的外壳和机舱、起落架等结构材料上均采用了钛合金。

钛不仅能帮助人类上天揽月，还可以帮助人类下海捉鳖。在海水里深度每增加10米，压力就增大1个大气压。由于钛的强度高，可以承受深海的高压，我国用钛合金研制的"蛟龙号"载人潜水器，为探测海洋资源深潜7000米仍安然无恙。

除此之外，在化学工业上，由于钛耐腐蚀性能好，现已代替不锈钢，制成多种化工机械、蒸馏塔、热交换器、压力容器、泵及各种管道等。如钛材料做管道可用来输送腐蚀性的液体，任何酸、碱都奈何它不得，比不锈钢管道寿命还要长10倍多。除此以外，在化肥厂、合成纤维厂、合成树脂厂里的很多机械都是用钛材料制造的。

在医学领域里，钛与人体的各种组织相容性很好，可用来代替人体内被损坏的骨骼，如人的大腿骨因外伤不能治愈时，可用金属钛人造骨骼来代替，由于它与人体骨骼比重相近，人体能很容易适应。

（米文权）

钢铁中的"维生素"——铌

铌,尽管不被人熟知,但却是合金钢和不锈钢等高级别钢最主要的添加元素之一,主要用作钢铁合金的生产上。它能够提高钢的强度和韧性,从而改善最终产品的效能并使其更加环保,可以看作是钢铁中的"维生素"。

金属铌可用电解熔融的七氟铌酸钾制取,也可用金属钠还原七氟铌酸钾或金属铝还原五氧化二铌制取。铌还被称为"烈火金刚",铌是稀有高熔点金属,最主要的特点当然是耐热。它们的熔点分别高达摄氏二千四百多度,不要说一般的火势烧不化它们,就是炼钢炉里烈焰翻腾的火海也奈何它们不得。一种金属的优良性能往往可以"移植"到另一种金属里,用铌作合金元素添加到钢里,能使钢的高温强度增加,加工性能改善。铌本身很顽强,它的碳化物更有能耐,用铌的碳化物作基体制成的硬质合金,有很高的强度和抗压、耐磨、耐蚀本领。

然而,最使我们惊诧不已的,是它们不仅能在极高温度的环境里顽强地工作,而且还能在超低温的条件下出色地为我们服务。绝对零度被认为是不能再低的低温了,它相当于-273℃。人们很早以前就发现,当温度降低到接近绝对零度的时候,有些物质的化学性质会发生突然的改变,变成一种几乎没有电阻的"超导体"。物质开始具有这种奇异

钢铁的朋友们

的"超导"性能的温度叫临界温度。不用说，各种物质的临界温度是不一样的。要知道，超低温度是很不容易得到的，人们为此而付出了巨大的代价。越向绝对零度接近，需要付出的代价越大。所以我们对超导物质的要求，当然是临界温度越高越好。具有超导性能的元素不少，铌是其中临界温度最高的一种。而用铌制造的合金，临界温度高达绝对温度$18.5 \sim 21K$，是目前最重要的超导材料。人们曾经做过这样一个实验：把一个冷到超导状态的金属铌环，通上电流然后再断开电流，然后把整套仪器封闭起来，保持低温。过了两年半后，人们把仪器打开，发现铌环里的电流仍在流动，而且电流强弱跟刚通电时几乎完全相同！从这个实验可以看出，超导材料几乎不会损失电流。不久前，人们曾用铌钛超导材料制成了一台直流发电机。它的优点很多，比如说体积小，重量轻，成本低，与同样大小的普通发电机相比，它发的电量要大一百倍。

铌的用途非常广泛，除了上述用途，铌还在原子能工业中适于作反应堆的结构材料和核燃料的包套材料以及航空、宇航工业中热防护和结构材料。铌耐酸腐蚀性能比较好，可作热交换器、冷凝器、过滤器、搅拌器等。碳化铌可以单独使用或与碳化钨、碳化钼配合使用，作热锻模、切削工具、喷气发动机涡轮叶片、阀门、尾裙及火箭喷嘴涂层。含铌的合金钢强度高、韧性好、抗冷淬，广泛用在输油管道。

添加铌元素的合金钢最大的优点是炼钢操作中容易控制，受热轧温度的波动影响较小，可以保证钢材的强度比较稳定。但它也有一个明显的缺点，就是炼钢厂浇铸出来的板坯容易出现裂纹。另外还有一个"不是缺点"的缺点——价格昂贵，这使得目前各大钢厂都在研究用钛取代铌的技术。相信在不久的将来，钢铁会吸收越来越多的"营养"，将身体练得越来越"健壮"，更好地为国民经济生产生活做贡献。

（周学俊）

荣膺"世界昂贵金属之最"的锎

最贵的金属是锎，每克1千万美元，比黄金贵50多万倍

世界上什么物质最昂贵？有人脱口而出——黄金！答案显然是错误的，因为常言道："黄金有价，宝石无价"，这说明宝石比黄金还要昂贵。提起宝石，人们自然会联想起古今中外那些争夺宝石的带有传奇色彩的故事。在"宝石王国"里，玉、珍珠、玛瑙、翡翠、钻石、夜明珠等，一个比一个珍贵。一件小小饰品，价格不菲；如果是稀世珍品，价值连城。

衡量某种物质是否昂贵有三条标准：一是生产成本特别高，二是数量非常稀少，三是用途十分奇特。综合这三条标准考察，人们发现，世界上比较昂贵的物质，不是黄金，也不是宝石，而是某些化学元素。在化学元素周期表里，姓名中含"贵"的元素比比皆是，因为它们本身就比较贵重。比如"贵金属"，主要指金、银和铂族金属（钌、铑、钯、锇、铱、铂）等8种金属元素，其中，铂族金属的价格普遍高于金、银；再比如"贵重气体"，又称作惰性气体或稀有气体，指氦、氖、氩、氪、氙、氡以及不久前发现的Uuo等7种元素，它们个个身价不菲，其中氙的价格最贵。但是，这些"贵"元素与锕系元素相比，又是"小巫见大巫"了。锕系元素是原子序数为89～103的15种化学元素的统称，包括锕、钍、镤、铀、镎、钚、镅、锔、锫、锎、锿、镄、钔、锘、铹，它们都是金属元素，同时都是放射性元素。前4种元素锕、

钍、镤、铀存在于自然界中，其余11种全部用人工核反应合成，因此，人们获得它们的生产成本之高，可想而知。在人工合成的锕系元素中，锫、锎、镄、锿的年产量只有千克级，而本文的主人公——锎仅为克量级，1971年全世界总共才只有2克，目前也还不到1000克。元素镄以后的元素量极少，半衰期很短，仅用于研究，它们的存世数量如此之少，实属罕见。在用途方面，铀和钍比较广泛，钚在某些情况下用作核燃料，而锎具有非常独特的功能，实用价值极大。此外，根据资料显示，按照一盎司计算，铀的价格是黄金的千万倍，而锎虽然没有市场价格，但显然比铀还要贵重。由此可见，在目前条件下，锕系元素是"世界昂贵金属家族之最"，化学元素锎荣膺"世界昂贵金属之最"的称号。

锎，元素符号Cf，原子序数98，是人工放射性元素，因纪念发现地加利福尼亚而得名。1950年美国科学家汤普森、斯特里特等在美国加利福尼亚大学用加速的α粒子轰击锔242时发现锎245。目前，科学家已发现质量数239～256的全部锎同位素。深入的科学研究发现，锎是一种非常神奇的化学元素。首先，它能发生核爆炸，只要有绿豆那么大的一点儿锎，就能制造成一颗相当威力的"微型原子弹"。据科学家预言，将来应用锎制造原子弹，其体积只有步枪子弹那么大。其次，在医学方面，锎是攻击癌细胞的"锐利武器"。对早期癌症患者，它有"妙手回春"之术；对晚期癌症患者，它虽无"起死回生"的法力，但能使患者的生命力得到延长。这是因为锎放出的中子，对杀死"作恶多端"的癌细胞极其有效的缘故。最后，锎在寻找金、银、铀等新矿藏方面也能大显身手。科学家利用锎射出的中子射线摄影时，可看到原子世界的"真面目"。此外，锎还是现代"包公"，在侦破疑难案件中，它能对血迹、油漆、油污、土、烧灰等进行分析，为明断案件提供精确数据。

其实，锎的作用与本领远不止上述的那些，但由于它太稀罕、太珍贵，大大限制了它"才能"的发挥。随着科学技术的日新月异，有朝一日，化学元素锎——这位夺得"世界昂贵金属之最"桂冠的"骄子"，必将为人类作出更大的贡献！

（李国甫）

钢铁的朋友们

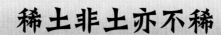

稀土非土亦不稀

　　稀土是稀土元素的简称，包括化学元素周期表中镧系元素——镧、铈、镨、钕、钷、钐、铕、钆、铽、镝、钬、铒、铥、镱、镥，以及与镧系的15个元素密切相关的两个元素——钪和钇共17种元素，它们是金属元素中一个庞大的家族。由于她们的"外貌特征"、"性格爱好"很相似，所以人们又称其为"稀土十七姊妹"。

　　稀土非土。稀土全部是活泼的金属元素，亦称"稀土金属"。"稀土"一词是历史遗留下来的名称。稀土元素是从18世纪末叶开始陆续发现的，当时人们常把不溶于水的固体氧化物称为土。稀土一般是以氧化物状态分离出来的，又很稀少，因而得名为"稀土"。1794年，芬兰的化学家加多林从硅铍钇中分离出第一种稀土元素钇。直到1947年，美国人马林斯基等人在铀裂变产物中找到最后一种稀土元素钷。其余的稀土元素大部分是欧洲的一些矿物学家、化学家、冶金学家等发现制取的。人类为了在化学元素周期表中实现"稀土十七姊妹"的大团圆，努力了近160年的时间。过去认为自然界中不存在钷，直到1965年，芬兰一家磷酸盐工厂在处理磷灰石时发现了极少量的钷。

　　在较长一段时期内，稀土一直是"默默无闻"的，直到第二次世界大战期间，人们开始把稀土加入钢铁中，才使他们"脱颖而出"、"名声大振"，显示出了非凡的"才华"。众所周知，人体中除了需要碳水化合物、脂肪和蛋白质三大基本营养物质外，还必须有多种微量的维生素。如果人体中缺少某种维生素，就会影响身体健康。有人把钢铁中的某些微量合金元素比作人体中的"维生素"。因为向钢铁中加入极微量的这类元素，就可以明显地改善钢铁材料的组织和性能。在钢铁材料中常用的微合金元素有稀土元素、碱土金属元素，镉、钛、钒、铌和硼等，因此，稀土是钢铁中当之无愧的"维生素"。微量的稀土添加物能提高不锈钢、高速切削钢、弹簧钢、耐热钢和铸铁的性能，从而使其"添劲强身"、"延年益寿"。铸铁中加入稀土，其强度和韧性甚佳；碳素钢中含磷高了，在温度很低时就很脆，但加入稀土以后，这种现象就一去不复返了，而且使磷"改恶从善"，从而提高钢的强度和耐腐蚀性能；超高强结构钢本来是不容易焊的，加点稀土以后，不但变得"乖巧"容易加工了，而且在高温下的抗氧化性也会显著提高。

为什么稀土在钢铁中有这样神奇的作用呢？人们进行了很多研究，发现稀土在钢铁中起到了脱硫、脱氧、脱氢和固定氮气的作用。大家知道，硫、氧、氢这些东西在钢铁中都是"捣蛋鬼"、"破坏王"，可以说稀土的第一个作用是为钢铁消除了"害虫"。其次，稀土能细化合金组织，使其内部结构更加致密，从而大大改善钢铁的加工性能，提高它们的抗腐蚀性、抗拉强度、抗氧化性、抗疲劳和耐高温的本领。

稀土除了是钢铁中的"维生素"之外，大多数稀土元素呈现顺磁性。用稀土制得的磁性材料磁性极强，用途广泛。在化学工业中广泛用作催化剂。稀土氧化物是重要的发光材料、激光材料。目前，稀土元素已广泛应用于电子、石油化工、冶金、机械、能源、轻工、环境保护、农业等领域。

稀土也不稀。现已查明，稀土元素并不稀少。中国拥有丰富的稀土矿产资源，成矿条件优越，堪称得天独厚，探明的储量居世界之首，为发展中国稀土工业提供了坚实的基础。

（李国庸）

钢铁的朋友们

工业氧气、氮气是怎样制成的

空气的主要成分是氮气（占78%）和氧气（占21%），因此，可以说空气是制备氮气和氧气取之不尽、用之不竭的源泉。氧气是生物赖以生存的物质，它在工业生产中应用很广。乙炔—氧焰用于金属的焊接和切割；在冶金工业中，氧气被用于钢铁熔炼、轧钢和有色金属提炼。在医疗和深水作业中都大量用到氧气。氮气主要用于合成氨、金属热处理的保护气氛、化工生产中的惰性保护气（开停车时吹扫管线，易氧化物质的氮封、压料）、粮食储存、水果保鲜和电子工业等。

空气分离最常用的方法是深度冷冻法。此方法可制得氧、氮与稀有气体，所得气体产品的纯度可达98.0%～99.9%。此外，还采用分子筛吸附法分离空气，后者用于制取含氧70%～80%的富氧空气。近年来，有些国家还开发了固体膜分离空气的技术。

目前氧气、氮气的工业制法仍广泛采用液态空气分馏法。具体流程是，首先空气从大气吸入，经过滤器过滤后，进入空气压缩机，经逐级压缩冷却后，进入空气预冷系统进行预冷，并通过水分离器分离出空

六氧制氧罐区

七氧制氧机组

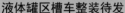

液体罐区槽车整装待发　　　　　　国内一流的工业气体生产基地

气中的游离水,然后进入纯化系统清除空气中的水分、二氧化碳及大部分的碳氢化合物等。净化后的空气进入分馏塔冷箱中的板翅式热交换器,与返流的氧气、氮气和污氮气进行热交换,然后一部分空气从热交换器中部抽出进入透平膨胀机进行膨胀制冷,膨胀后的低温空气部分进入上塔,另一部分旁通进入污氮管道;其余空气从板翅式热交换器底部抽出,经节流后送入精馏塔参与精馏并最终得到氧气和氮气产品。

此外还有分子筛吸附法分离空气,即基于分子筛对氮和氧的不同吸附力,空气通过分子筛层床后吸附相和气相中的组分将发生变化,从而达到分离的目的。由于吸附相含氮较高,故流出气体中含氧量较高。吸附柱足够长时,可制得一定纯度的氧气,分子筛可采用减压吸附的方法再生,可用于制取含氧70%~80%的富氧空气。

近年来,有些国家还开发了固体膜分离空气的技术,即膜法分离空气利用的是渗透原理,即氧气和氮气在非多孔高分子膜表面时,由于膜两侧存在着溶度梯度,使气体扩散并通过高分子膜,接着在膜的另一侧解析。因为氧气分子的体积小于氮气分子,因而氧气在高分子膜内的扩散速率大于氮气,这样,当空气通入膜的一侧时,另一侧就可以得到富氧空气,同一侧得到氮气。

(江河志)

身手不凡的稀有气体

　　氦、氖、氩、氪、氙和氡共六种元素，统称为稀有气体。稀有气体的单质在常温下为气体，且除氩气外，其余几种在大气中含量很少（尤其是氡），故得名"稀有气体"。历史上，因为稀有气体反应性很低，很难在自然情况下形成化合物，因此稀有气体也被称为"惰性气体"。常言道，物以稀为贵。故稀有气体又有"黄金气体"或"贵族气体"的美称。

　　随着科学技术和工业生产的发展，稀有气体越来越广泛地应用在工业、医学、尖端科学技术以至日常生活里。

　　利用稀有气体极不活泼的化学性质，有的生产部门常用它们来作为保护气。例如，在焊接精密零件或镁、铝等活泼金属，以及制造半导体晶体管的过程中，常用氩作保护气。原子能反应堆的核燃料钚，在空气里也会迅速氧化，也需要在氩气保护下进行机械加工。电灯泡里充氩气可以减少钨丝的气化和防止钨丝氧化，以延长灯泡的使用寿命。

　　稀有气体通电时会发光。世界上第一盏霓虹灯是填充氖气制成的（霓虹灯的英文原意是"氖灯"）。氖灯射出的红光，在空气里透射力很强，可以穿过浓雾。因此，氖灯常用在机场、港口、水陆交通线的灯标上。灯管里充入氩气或氦气，通电时分别发出浅蓝色或淡红色光。有的灯管里充入了氖、氩、氦、水银蒸气等四种气体（也有三种或两种的）的混合物。由于各种气体的相对含量不同，便制得五光十色的各种霓虹灯。人们常用的荧光灯，是在灯管里充入少量水银和氩气，并在内壁涂荧光物质（如卤磷酸钙）而制成的。通电时，管内因水银蒸气放电

四氧液氧罐区

而产生紫外线，激发荧光物质，使它发出近似日光的可见光，所以又叫作日光灯。

利用稀有气体可以制成多种混合气体激光器。氦—氖激光器就是其中之一。氦氖混合气体被密封在一个特制的石英管中，在外界高频振荡器的激励下，混合气体的原子间发生非弹性碰撞，被激发的原子之间发生能量传递，进而产生电子跃迁，并发出与跃迁相对应的受激辐射波，近红外光。氦—氖激光器可应用于测量和通讯。

稀有气体部分产品

氦气是除了氢气以外最轻的气体，可以代替氢气装在飞船里，不会着火和发生爆炸。液态氦的沸点为-269℃，是所有气体中最难液化的，利用液态氦可获得接近绝对零度（-273.15℃）的超低温。氦气还用来代替氮气作人造空气，供探海潜水员呼吸，因为在压强较大的深海里，用普通空气呼吸，会有较多的氮气溶解在血液里。当潜水员从深海处上升，体内逐渐恢复常压时，溶解在血液里的氮气要放出来形成气泡，对微血管起阻塞作用，引起"气塞症"。氦气在血液里的溶解度比氮气小得多，用氦跟氧的混合气体（人造空气）代替普通空气，就不会发生上述现象。温度在2.2K以上的液氦是一种正常液态，具有一般液体的通性。温度在2.2K以下的液氦则是一种超流体，具有许多反常的性质。例如具有超导性、低黏滞性等。它的黏度变成氢气黏度的百分之一，并且这种液氦能沿着容器的内壁向上流动，再沿着容器的外壁往下慢慢流下来。这种现象对于研究和验证量子理论很有意义。

氩气经高能的宇宙射线照射后会发生电离。利用这个原理，可以在人造地球卫星里设置充有氩气的计数器。当人造卫星在宇宙空间飞行时，氩气受到宇宙射线的照射。照射得越厉害，氩气发生电离也越

稀有气体调试

强烈。卫星上的无线电机把这些电离信号自动地送回地球,人们就可根据信号的大小来判定空间宇宙辐射带的位置和强度。

氪能吸收X射线,可用作X射线工作时的遮光材料。

氙灯还具有高度的紫外光辐射,可用于医疗技术方面。氙能溶于细胞质的油脂里,引起细胞的麻醉和膨胀,从而使神经末梢作用暂时停止。人们曾试用80%氙和20%氧组成的混合气体,作为无副作用的麻醉剂。在原子能工业上,氙可以用来检验高速粒子、粒子、介子等的存在。

氪、氙的同位素还被用来测量脑血流量等。

氡是自然界唯一的天然放射性气体,氡在作用于人体的同时会很快衰变成人体能吸收的氡子体,进入人体的呼吸系统造成辐射损伤,诱发肺癌。一般在劣质装修材料中的镭杂质会衰变释放氡气体,从而对人体造成伤害。体外辐射主要是指天然石材中的辐射体直接照射人体后产生一种生物效果,会对人体内的造血器官、神经系统、生殖系统和消化系统造成损伤。

然而,氡也有着它的用途,将铍粉和氡密封在管子内,氡衰变时放出的α粒子与铍原子核进行核反应,产生的中子可用作实验室的中子源。氡还可用作气体示踪剂,用于检测管道泄漏和研究气体运动。

(江河志)

具有国际先进水平的武钢六万立方米制氧机组

钢铁之锅的保护神
—— 耐火材料

钢铁工业是一个"炉火熊熊"的世界，伴随着生产工艺流程，焦炉、高炉、转炉、热风炉、加热炉等，星罗棋布，勾勒出一幅"山外青山炉外炉"的画面。正是因为有了这些炼铁炉、炼钢炉等的高温熔炼，才有了铁水奔流、钢花四溅的工业美景。如果将这些炼钢装备做一个形象的比喻，就像我们每个家庭中做饭炒菜所用的锅。我们知道，这些"锅"也是由钢质材料制成。钢材的熔点低于1535℃，工作温度更低，一般碳素结构钢的工作温度都在450℃以下。钢材的温度如果超过允许的工作温度，力学性能会发生恶化，温度继续升高，钢材甚至会逐渐氧化，直至熔化。一个有趣的问题浮现出来：那些烧得火热的锅，既然本身就是用钢铁材料制作的，那它们为什么不被熔化呢？

人们用"烈火金刚"形容人的意志坚强，经过严峻考验而不改变。原来，锅里也有"烈火金刚"——一种能够经受得住烈火烧身的考验而不改变自己性质的特殊物质——耐火材料。

耐火材料与高温技术相伴出现。因此，人类使用耐火材料的历史可以追溯到青铜器时代。中国东汉时期已用黏土质耐火材料做烧瓷器的窑材和匣钵。20世纪初，耐火材料向高纯、高致密和超高温制品方向发展，同时出现了完全不需烧成、能耗小的不定形耐火材料和耐火纤维。当今时代，随着原子能技术、空间技术、新能源技术的发展，具有耐高温、抗腐蚀、抗热振、耐冲刷等综合优良性能的耐火材料得到了长足的发展和广泛的应用。

传统的耐火材料定义为耐火度不低于1580℃的一类无机非金属材料。现在对于耐火材料的定义，已经不仅仅取决于耐火度是否在1580℃以上了。目前耐火材料泛指应用于冶金、石化、水泥、陶瓷等热工设备内衬的无机非金属材料。它是可以在较高温度下不软化，而且有一定强度的材料，其允许的工作温度不低于1580℃，并在高温下能承受相应的物理化学变化及机械作用。目前工业耐火材料一般为无机氧化物，也有少量氮化物。在这些"锅"内壁砌上2～3层耐火材料，将液态金属与"锅"隔离，就可以保护钢结构不被液态金属烧穿。耐火材料还有另一个重要的作用：因其导热性能较差，可以保持钢结构较低的工作温度，避免"锅"发生变形。

耐火材料种类繁多，按化学特性可分为酸性耐火材料、中性耐火材料和碱性耐火材料。酸性耐火材料中用量较大的有硅砖和黏土砖。硅砖主要用于焦炉、酸性炼钢炉等。黏土砖属于弱酸性耐火材料，对酸性炉渣有抗蚀性，用途广泛，是目前生产量最大的一类耐火材料。黏土质耐火材料是由水化铝硅酸盐矿物组成的，最主要的成分是和刚玉一样难熔的三氧化二铝和像石英一样难熔的二氧化硅，它们的熔点在1580～2000℃以上，这就使黏土质耐火材料具备了耐高温的本领。此外，黏土质耐火材料不太会传热，用它修砌"锅"可减少因热量扩散而带来的浪费，使炼钢炉里始终"炉火熊熊"，保持正常的温度。所以，

　　人们称赞黏土质耐火材料是"炼钢炉里的好助手"。中性耐火材料中，有高铝质制品和碳质制品之分，它们都是用途较广的优质耐火材料。碱性耐火材料以镁质制品为代表。20世纪50年代中期以来，由于采用了吹氧转炉炼钢和采用碱性平炉炉顶，碱性耐火材料的产量逐渐增加，黏土砖和硅砖的生产则在减少。碱性耐火材料主要用于平炉、吹氧转炉、电炉、有色金属冶炼以及一些高温热工设备。

　　根据产品形态不同，耐火材料还可分为定形耐火材料与不定形耐火材料，所谓定形材料是指耐火材料成一定规则形状，分为标准砖、异型砖；不定形耐火材料则没有固定形状，有粉状、颗粒状、自流砂等类型。它们有各自的用途：钢包、铁水罐永久层、中间包工作层使用不定形材料加结合剂浇注；转炉、精炼炉、铁水罐、钢包工作层使用定形材料砌筑；投入使用的转炉、钢包耐火材料层被侵蚀后需使用不定形材料进行修补。

　　按耐火度高低，耐火材料还可分为普通耐火材料（1580～1770℃）、高级耐火材料（1770～2000℃）和特级耐火材料（2000℃以上）。此外，还有用于特殊场合的耐火材料。

　　耐火材料一般分三层砌筑到"锅"内表面：工作层、隔热层与永久层。工作层直接与高温液体接触，受高温液体冲刷，易发生各种物理化学变化逐渐被侵蚀；永久层与隔热层介于工作层与钢质外壳之间，永久层的作用是工作层局部被侵蚀时防止高温液体穿漏烧坏钢结构；与钢结构直接接触的是隔热层，其作用是防止钢结构受热变形，减少热量散失，随着耐火材料技术的发展，部分耐火材料砌筑工艺已经取消了隔热层。

　　下面，让我们来见识一下耐火材料是如何充当各种炼钢之锅的"保护神"吧！

铁水罐

铁水罐是铁水储运和预处理用的装备，使用温度约为1200～1350℃，在使用过程中会受到铁水的冲刷、熔渣的侵蚀，甚至是器械搅拌冲刷，因此要求砌筑使用的耐火材料要具有耐高温、耐急冷急热性能和耐冲刷性能。铁水罐的永久层耐火材料主要采用黏土砖或者高铝砖，工作层多用高铝砖、铝碳砖、铝碳化硅碳砖，后两种材质性能为佳。

铝碳制品一般以矾土和石墨为主要原料，以酚醛树脂作为结合剂。铝碳制品具有良好的抗铁水渗透、铁渣侵蚀性能，一般用作工作层壁砖。

铝碳化硅碳制品一般以矾土、石墨、碳化硅为主要原料，以酚醛树脂作为结合剂。由于引入了碳化硅原料，因此铝碳化硅碳制品除了具有铝碳制品的性能外，还具有高强度、高耐磨性能和优良的抗剥落性能。根据铁水罐使用的条件的不同，其寿命也不同，有的寿命为几百次，有的寿命高达上千次。

转 炉

转炉是炼钢用主要装备，铁水通过转炉"蒸煮"之后就变成钢水了。转炉的工作温度一般在1500℃以上，工作环境为碱性，在兑铁、加废钢时受到强大的机械冲击力，并在冶炼过程受钢水、炉渣的化学侵蚀和烟气的高温冲刷，因此要求砌筑转炉的耐火材料耐高温要达到1600℃以上，而且耐火材料要耐碱性熔渣的侵蚀性能较强。转炉也是由永久层和工作层组成，永久层耐火材料主要采用镁砖，工作层耐火材料主要采用镁碳砖，同时还配有功能性耐火材料出钢口管砖、底吹供气砖。

目前转炉用衬砖以镁碳砖为主。镁碳砖的主要成分为镁砂和石墨，镁砂主要化学成分为氧化镁，熔点在2800℃以上，属于强碱性材料，具有较强的耐碱性渣的侵蚀作用。石墨是利用了石墨对渣的不润湿性和柔韧性，可以提高产品抗渣渗透性和抗剥落性能。

出钢口管砖，顾名思义是用来出钢水的，一般钢液的流出温度约为1630～1650℃，而且出钢过程中钢水对管壁的冲刷较严重，对产品材质要求较高，一般采用档次较高的原料，如大结晶电熔镁砂。供气砖也是功能产品，它相当于转炉的"输氧机"，它的主要作用是强化了冶炼效果。

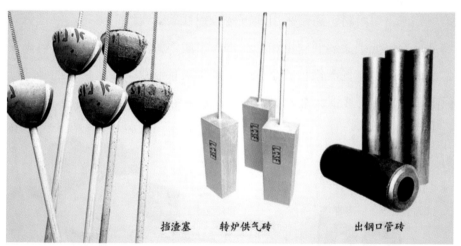

挡渣塞　　转炉供气砖　　　　出钢口管砖

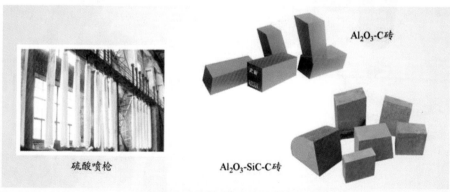

硫酸喷枪　　Al$_2$O$_3$-SiC-C砖　　Al$_2$O$_3$-C砖

钢包

钢包是转运和后续处理钢水的容器，工作环境基本为碱性，温度约为1500～1600℃，钢包也是由永久层和工作层组成。根据钢的品种不同，钢包冶炼用耐火材料要求也不同。

钢包永久层采用的耐火材料分为两种：一是浇注材料，如轻质或半轻高铝质浇注料；二是砖制品，如高铝砖。钢包工作层采用耐火材料分为三种：一是整体浇注型，它的优点是当使用一段时间壁厚减少时，可以在原衬上套浇，不用拆除，一般采用铝镁质浇注料；二是含碳制品，冶炼普通钢用耐材，通常采用镁碳砖、铝镁碳砖或镁铝碳砖；三是无碳制品，冶炼低碳、超低碳钢和管线钢、帘线钢等洁净钢用耐火材料。通常冶炼低碳、超低碳钢目前主要采用刚玉质预制块，渣线采用的是低碳镁碳砖；冶炼管线钢、帘线钢时目前主要采用镁钙砖。

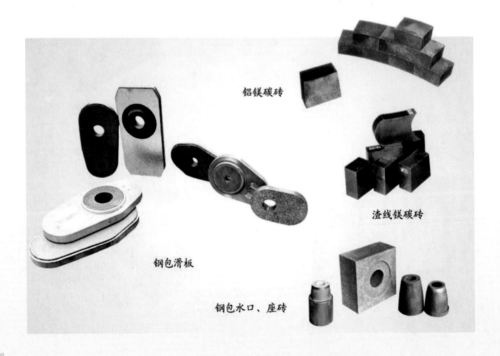

铝镁碳砖

渣线镁碳砖

钢包滑板

钢包水口、座砖

武钢耐火材料有限责任公司是武汉钢铁（集团）公司的全资子公司，拥有武钢等十多家国内外钢厂和项目的耐火材料总包或代理权，是国内综合实力最强的耐火材料总包供应商。拥有从德国、日本等国引进的一流生产设备，有28条生产线，年生产能力80万吨。耐火材料中转炉系列、钢包系列及连铸系列材料国内著名，并多次创造和保持世界纪录。

钢铁工业的发展离不开耐火材料技术的进步，耐火材料对钢的生产、质量有直接影响。古人认为五行相克，火能克金，正是有耐火材料这个"土"的保护，炼钢炉、盛钢容器在超常高温下才能正常工作。当人们赞美铁水奔流、百炼成钢的时候，一定不要忘记生产工艺流程中那些默默无闻、甘于奉献、成就钢铁成材的"幕后英雄"们。

（郭敬娜　许成英　吕纾秀）

钢铁的朋友们

后 记

　　将钢铁冶金的科学知识以通俗易懂的读物形式呈现在人们面前，将那些复杂繁琐的钢铁冶金理论和数据、生产工艺和专项技术，写成深入浅出的科普文章，是很多钢铁从业人员的夙愿。可是在浩如烟海的专业书籍中，要想找到一本真正把钢铁冶金生产知识和通俗性、教育性与趣味性融为一体的科普读物，并非一件容易的事情。也正因为如此，长期以来，人们普遍对专业技术书本有一种望而生畏的感觉。枯燥无味、晦涩难懂的语言形式，呆板平直、缺少生气的叙述方式，似乎已在专业书籍与普通读者之间筑起了一道壁障。的确，过于深奥的文本常常使专业人员读起来感到味同嚼蜡、兴味索然，非专业人士更是不敢问津。何以能使钢铁冶炼技术知识从厂区走入民间，何以能使人们在如欣赏文学作品一般的心境中，轻松自如地了解钢铁是怎样炼成的，一直是我们钢铁科普工作者的追求。

　　为了弘扬钢铁文化、传播钢铁知识、普及钢铁技术、宣传钢铁产品，在中国科学技术咨询服务中心、中国金属学会、武汉钢铁（集团）公司领导和有关部门的关心、支持下，由武钢科协组织编写的《钢铁科普丛书》终于出版了。本书编者不揣浅陋，力图以生动的语言讲述钢铁发展历程，以形象明快的语言描述钢铁冶炼流程，通过栩栩如生的勾画展现钢铁冶金技术，共选录了77位作者的83篇作品。另外，为了使本书有一定的收藏性和直观性，书中还汇集了大量的图片，使很多宏大的冶炼生产场景尽呈读者眼前。

　　总之，向广大读者，特别是钢铁行业工作者奉献一本人人都能读得懂的读物，是编者的心愿。本书旨在通过这把"钥匙"，开启钢铁冶金技术科学普及之门。

　　由于编者水平有限，《钢铁科普丛书》从取材范围、部分文章观点、时效性等方面难免有疏漏之处，敬请同行及各界读者批评指正。在本书编写过程中，广泛参阅和选引了有关文献资料，在此向所有文献作者致以诚挚的谢意！

编　者
2014 年 9 月